CONCOURS RÉGIONAL DE BOURG

LA PRIME D'HONNEUR

DE L'AIN

EN 1867

PAR

PIERRE TOCHON

Ancien Élève de Grignon

RAPPORTEUR DU JURY

EXPOSÉ LU EN SÉANCE PUBLIQUE
LE 2 JUIN 1867

CHAMBÉRY
ALBERT BOTTERO, IMPRIMEUR DE LA PRÉFECTURE

1867

31

CONCOURS RÉGIONAL DE BOURG

LA PRIME D'HONNEUR DE L'AIN EN 1867

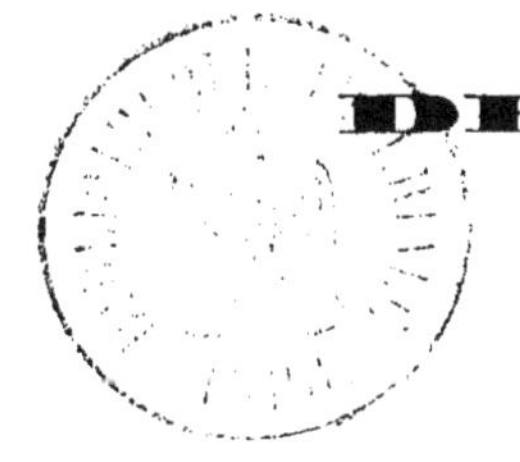

PAR

PIERRE TOCHON

Ancien Élève de Grignon

RAPPORTEUR DU JURY

EXPOSÉ LU EN SÉANCE PUBLIQUE
LE 2 JUIN 1867

CHAMBÉRY
ALBERT BOTTERO, IMPRIMEUR DE LA PRÉFECTURE

1867

MEMBRES DU JURY

MM. Mallo, ✻, inspecteur général de l'agriculture, ancien élève de Grignon, *président* ;

Bardoux (Jean), propriétaire-agriculteur à Dôle (Jura);

Vicomte De la Loyère (Armand), propriétaire-agriculteur à la Loyère, lauréat de la prime d'honneur de Saône-et-Loire en 1866;

Duchevellard, ✻, propriétaire-agriculteur à Montbrison (Loire);

Chautemps, propriétaire-agriculteur à Valéry, lauréat de la prime d'honneur de la Haute-Savoie en 1865;

Ract (Henri), propriétaire-agriculteur à Sainte-Hélène-du-Lac, lauréat de la prime d'honneur de la Savoie en 1863;

Tochon (Pierre), ancien élève de Grignon, propriétaire-agriculteur à la Motte-Servolex (Savoie), *rapporteur*.

Secrétaire du Jury :

Guédon (Anatole), ancien élève de Grignon, cultivateur à Laval (Mayenne).

CONCOURS RÉGIONAL DE BOURG

LA PRIME D'HONNEUR DE L'AIN

EN 1867

MESSIEURS,

C'est la seconde fois, depuis la création des Concours régionaux, que le département de l'Ain est appelé à mettre en relief les ressources de son agriculture, les hommes qui s'en occupent avec succès, les efforts tentés pour l'améliorer, les résultats obtenus.

En 1859, un agriculteur étranger, M. de Westerweller, homme d'énergie et de cœur, que la bonne fortune de l'arrondissement de Bourg avait fixé sur le domaine de Cornaton, a su mériter, aux applaudissements de ses concurrents et de tous les amis de l'agriculture française, cette Coupe d'honneur objet de tant d'émulation.

Lors de cette première lutte, 19 concurrents s'étaient mis sur les rangs; on n'en compte plus que 11 ou mieux 8 en 1867, trois d'entre eux ayant limité leur demande à des spécialités.

Cette abstention n'est cependant pas une défaillance de l'agriculture bressane, dans les huit ans qui se sont écoulés depuis le dernier concours, elle n'a pas cessé de marcher dans la voie du progrès; si donc bon nombre d'hommes de mérite se sont tenus à l'écart, c'est que les conditions du programme ministériel sont mieux connues, mieux comprises aujourd'hui; c'est que les Primes d'honneur cantonales et celles plus importantes décernées depuis quelques années par le département de l'Ain, ont permis de mieux juger les conditions que les concurrents devaient remplir.

On sait partout maintenant qu'il ne suffit pas d'avoir réalisé quelques améliorations partielles, d'avoir même obtenu des bénéfices dans une spécialité pour mériter la Prime d'honneur régionale, mais qu'elle est la récompense de l'exploitation qui présente un exemple à suivre, du cultivateur qui a obtenu un succès signalé.

Sur les huit concurrents que le Jury a visités, quatre sont de l'arrondissement de Bourg, deux de celui de Trévoux, un de celui de Gex, un de celui de Belley; seul l'arrondissement de Nantua n'a pas été représenté.

Avant de vous faire pénétrer dans les détails de chacune de ces exploitations, permettez-nous d'appeler votre attention sur les faits généraux qui caractérisent l'agriculture bressane; nous le ferons aussi brièvement que possible.

Sur une surface de 580.000 hectares, habités par une population presque exclusivement agricole, qui de 1789 à nos jours a été portée de 282,000 à 371,000, s'échelonnent au pied du Jura, le pays de Gex, le Valromay, le Bugey, la Bresse et les Dombes.

Le Rhône borde à l'est les trois premières subdivisions, la Loire longe les deux autres à l'ouest.

Chacun de ces pays, réunis politiquement à la France en 1601, sous le règne de Henri IV, puis administrativement en 1790 pour ne former qu'un seul département: chacun de ces pays, disons-nous, a conservé dans son économie agricole les traces des contrées limitrophes dont ils faisaient partie, des colonies qui les ont peuplés.

C'est ainsi que le pays de Gex suit les traditions agricoles de la Suisse, dans laquelle il se trouve enclavé et dont il dépendait avant la domination romaine: la Bresse et le Bugey se rapprochent davantage de l'agriculture savoisienne.

Seule la Dombes, isolée dans sa culture des étangs, n'a point eu de modèles, comme elle n'a point eu d'imitateurs.

En jetant un coup d'œil d'ensemble sur la surface qu'occupe le département de l'Ain, on trouve que la partie orientale liée au Jura est traversée par plusieurs chaînes parallèles de montagnes.

Le centre est occupé par des bois de chêne, de sapin, de hêtre et de bouleau: les vallées qui séparent ces montagnes sont encaissées, elles forment de riches pâturages où paissent, pendant la durée de l'inalpage, de nombreux troupeaux de moutons et de bêtes à cornes.

Ces montagnes, après s'être maintenues à une grande élévation, vont en s'abaissant vers le sud-est: sur leurs dernières croupes, à la faveur d'expositions exceptionnelles, la vigne et le mûrier étalent leurs riches produits.

Dans son parcours, cette échelle culturale s'abaisse à 166 mètres au-dessus du niveau de la mer, à la sortie du Rhône et de la Saône du département, pour s'élever à 1690 mètres au Colombier de Gex.

On trouve dans l'Ain la petite, la moyenne et la grande propriété, toute espèce de culture, les instruments agricoles les plus variés, plusieurs races de bêtes à cornes. Aussi n'est-il pas rare de voir marcher la charrue romaine, si imparfaite dans sa forme primitive, ou la *vouivre* qui en est une modification heureuse, à côté des araires sorties des fabriques de Roville, de Grignon et de Renne.

Sur une surface totale de 580,000 hectares, 547,000 appartiennent au domaine agricole; les parties à l'est, formées par les terrains jurassiques, contiennent du calcaire; celles à l'ouest appartiennent à la formation tertiaire, la silice et l'argile s'y trouvent réunies en proportions très variables; l'imperméabilité du sol et du sous-sol est le plus grand obstacle que l'agriculture ait à vaincre : à mesure qu'on y opère des drainages et des chaulages, la culture du trèfle et des autres légumineuses, qui ont puissamment contribué à l'amélioration des terrains calcaires, s'étend à ceux qui en sont privés, où elle remplace avantageusement la jachère. Déjà des sommes considérables ont été employées et le sont annuellement à l'assainissement et au chaulage des terres; on en obtient les meilleurs résultats.

L'assolement biennal avec jachère morte, longtemps suivi en Bresse, est généralement abandonné, on l'a remplacé par le triennal; le maïs, les céréales, le sarrasin en forment la base; le trèfle, d'abord cantonné dans les sols riches et féconds, étend son domaine; les racines, réservées pour les seuls besoins du ménage, commencent à se cultiver pour l'alimentation du bétail. On marche ainsi à grand pas vers l'assolement quadriennal alterne déjà suivi dans le pays de Gex, le Valromay et le bas Bugey.

La vigne occupe une place assez importante dans le département de l'Ain; on en compte 18,000 hectares; les vins du Revermont, du Bugey et surtout ceux de la côte du Rhône, Seyssel, Culoz, Machura, ont de la réputation.

Les arrondissements de Nantua et de Gex possèdent de nombreux et de riches pâturages; aussi leur spécialité agricole consiste-t-elle dans l'entretien du bétail pour la production du lait; plus de 600 fruitières concourent à la fabrication des fromages façon gruyère ou bleu de fantaisie.

Ces fruitières, qui sont des associations de producteurs de lait pour en tirer le meilleur parti possible, sont réparties dans les communes et sur les montagnes de ces deux arrondissements.

Trois races principales de bêtes à cornes : la bressane, la femeline et celle du pays de Gex, se partagent dans diverses proportions le territoire du département de l'Ain.

Les deux premières, qui représentent les types primitifs attachés au sol de la Bresse et des Dombes, ont des qualités remarquables; moyennement laitières, elles donnent de bons animaux de travail et de boucherie.

Ces deux races, trop longtemps abandonnées à des éleveurs sans avenir, ne fournissent pas un nombre suffisant de reproducteurs de choix pour satisfaire même aux seuls besoins locaux.

M. Chambaud (du Saix) et quelques autres agriculteurs prévoyants, ont fait de louables efforts, déjà couronnés de succès, pour les améliorer par la sélection.

Les bêtes à cornes de l'arrondissement de Gex semblent provenir du croisement de la race du pays avec des reproducteurs fribourgeois; les vaches ont des qualités laitières qui les font rechercher à des prix élevés.

L'espèce chevaline du département de l'Ain s'est sensiblement améliorée depuis que le Gouvernement en encourage l'élevage; il est peu de fermes un peu importantes qui ne possèdent quelques juments poulinières; aussi les travaux de culture, qui s'exécutaient surtout avec des bœufs, empruntent aujourd'hui le concours des uns et des autres.

Les cultivateurs de l'Ain entretiennent dans leurs fermes toute espèce de bétail; ils se livrent, selon la nature de leurs produits, à l'élevage et à l'engraissement des bêtes à cornes, des moutons, des porcs et des volailles.

Les porcs bressans ont une grande analogie avec l'excellente race charollaise; ils sont l'objet d'un commerce important.

Les troupeaux de moutons qui paissent dans les montagnes du haut Bugey n'ont pas une origine uniforme; ils sont fournis par les départements voisins et par la Suisse.

Il y a quelques années, MM. Perrault (de Jotems) et Girod (de l'Ain) étaient arrivés à créer une race de moutons à laine très fine; le troupeau de Naz n'a pas eu le succès qu'il méritait, par suite de revirements commerciaux qui ont diminué l'importance de cette production.

La volaille de Bresse a une réputation trop bien établie pour que nous entrions dans des détails sur ses qualités : nous nous contenterons de constater qu'elle est l'objet d'un commerce toujours plus étendu.

Le département de l'Ain est surtout agricole : la vente de ses produits est rendue des plus faciles par l'étendue et la diversité de ses voies de communication ; il exporte surtout des céréales, du vin, de la volaille, des bestiaux, des fromages, du bois de service, de la soie, du poisson. Lyon et Genève sont les débouchés les plus importants de ses produits agricoles : reliés à Bourg par une voie ferrée, ils viennent sur ses marchés de St-Laurent, Montmerle et Bourg, lui demander du bétail, du blé, des soies et des bois ouvrés : les vins s'écoulent dans le département de la Loire : les porcs dans le Midi.

Il résulte des faits qui précèdent que les cultures, les animaux, les conditions économiques, changent pour ainsi dire à chaque pas dans le département de l'Ain. Pour donner une idée exacte de la culture de chacun de ces pays administrativement réunis, des zones qu'ils comportent, il faudrait successivement décrire les conditions agricoles de Saône-et-Loire, du Rhône, des deux Savoie, de la Suisse viticole et alpine, puis entrer dans les détails de la culture toute spéciale de la Dombes à Etang ; vous n'attendez pas ce travail de votre rapporteur, il serait du reste sans objet en présence des travaux de tant d'agriculteurs de mérite, à la tête desquels on doit placer le célèbre Puvis.

Peu de départements ont en effet produit plus d'hommes dévoués aux intérêts agricoles.

La Dombes a eu dans M. Nivière un zélé propagateur des bonnes théories agricoles ; son dévouement sans bornes à ce coin de terre déshérité a appelé sur lui l'attention du Gouvernement ; il a substitué son action puissante à l'initiative, toujours insuffisante, de l'intérêt privé. Dès lors la Dombes s'est transformée, les étangs ont diminué, des voies de communication ont été tracées, se sont ouvertes, enfin les capitaux s'y portent pour hâter sa régénération.

Ces résultats, il faut le constater, sont dus aux efforts persévérants de quelques hommes de progrès, aux exemples donnés à l'Ecole impériale de la Sosaie sous l'habile direction de MM. Nivière, Pichat et Lœuillet, aux nombreux élèves sortis de cette école.

On ne peut parler de la Dombes sans citer les *Etudes agricoles*, si pleines d'intérêt, de M. Dubost (de Bourg), homme de science et habile praticien; il a indiqué avec un rare talent la cause du mal et le moyen de le faire disparaître.

Sur un autre point du département, la Ferme-Ecole de Pont-de-Veyle forme des agents secondaires pour nos exploitations. M. de St-Didier, qui dirige cette école avec beaucoup de succès, s'est inspiré des vues de M. Parseval, son fondateur, qu'une mort prématurée est venue surprendre au milieu de ses utiles travaux.

Les nombreux élèves sortis annuellement de ces deux écoles pour se répandre sur toute la pointe du département, ont eu, on ne peut le contester, une grande influence sur les améliorations agricoles réalisées depuis quelques années.

Comme on le voit, dans l'Ain les progrès agricoles sont basés sur l'instruction si libéralement donnée par l'État à la Sosaie et à Pont-de-Veyle; nul doute qu'en suivant cette voie les populations intelligentes, laborieuses et sympathiques de ses campagnes, n'occupent, dans un avenir prochain, un rang distingué parmi les agriculteurs de la région.

LES CONCURRENTS

A LA

PRIME D'HONNEUR DE L'AIN

MM. BERNARD, BARBET et LOUP

(CONCOURS DE SPÉCIALITÉS)

MM. Bernard, Barbet et Loup se sont présentés pour concourir aux médailles de spécialités.

M. BERNARD est percepteur; par son mariage il est devenu propriétaire en 1862 d'un pré sec de 7 hectares, situé à Thoiry, arrondissement de Gex.

Désireux d'améliorer le revenu de cette prairie, qui manquait de terre végétale et reposait sur un sous-sol caillouteux, M. Bernard fit des démarches pour obtenir la faculté de dériver une partie de la petite rivière de Loudon qui longe sa pièce.

Ses démarches ont été couronnées de succès, et aujourd'hui un canal de 1,000 mètres, large et profond, amène une quantité d'eau assez considérable pour les irrigations.

Ce canal, partie couvert en dalle, partie creusé à ciel ouvert, a nécessité une dépense de 6,800 francs.

M. Bernard a déjà obtenu une augmentation sensible de revenu : cette prairie, qui donnait 70 quintaux de fourrages en deux coupes, en a produit 187 en 1864, 275 en 1865, et il a les plus belles espérances pour l'avenir.

La Commission, après avoir visité ces travaux, a pensé qu'avec une eau aussi peu sédimenteuse que l'est celle fournie par le Loudon, il est indispensable de fumer ou terreauter ces prairies, afin de garnir le gazon de légumineuses, qui font absolument défaut, et épaissir les graminées, qui donnent aujourd'hui des produits rares et de qualité médiocre.

M. BARBET est fermier à Saint-Denis, commune peu éloignée de Bourg; il a signalé, comme M. Bernard, à l'attention de la Commission une prairie de 9 hectares 80 ares qu'il a irriguée, renouvelée sur un hectare, et assainie dans les parties les plus basses.

Cette prairie, placée en contre-bas de la cour, reçoit les eaux grasses et les purins mêlés aux eaux de source et de pluie: ces liquides, avant de se verser sur le pré, qui est à pente douce, sont réunis dans un bassin; c'est de ce point que partent les rigoles d'irrigations.

Au moment de la visite, les fourrages étaient très abondants dans le haut, médiocres dans le centre et courts dans le bas.

Cette inégalité est due au peu d'abondance des eaux d'irrigations; les terrains les plus rapprochés du réservoir en profitent à peu près seuls.

Le renouvellement des gazons, exécuté sur un hectare, remontait à une date trop récente pour qu'on pût en apprécier les résultats; cependant il nous a paru que le dessèchement était incomplet, et que déjà bon nombre de carex et de joncs prenaient la place des graminées.

M. LOUP est depuis 1842 fermier d'un domaine situé sur la commune de Simandre.

M. Loup, dans sa modeste position de fermier, a réalisé des améliorations assez importantes: ainsi, il a réuni des eaux potables, et il les a conduites dans les cours et dans les étables.

Ses crèches cimentées peuvent recevoir l'eau nécessaire à l'abreuvement sur place des bestiaux.

Ses fumiers sont traités sur plates-formes environnées de rigoles qui réunissent les purins dans une fosse cimentée.

Ses bestiaux sont convenablement logés; le choix en est assez bon; ils représentent dans leur ensemble de 260 à 280 kilog. par hectare.

M. Loup s'est surtout appliqué à étendre ses prairies et à les améliorer; les 11 hectares de prés qu'il fauche aujourd'hui sont généralement bons; il paraîtrait convenable de faire alterner les irrigations avec des fumures ou des terreautages partiels.

Enfin, le domaine affermé, qui ne comptait, il y a quatre ans, que 80 ares de vignes, en a aujourd'hui 1 hectare 30 ares de plus, plantées par M. Loup.

On le voit, le domaine de Lagueloup a beaucoup gagné depuis 1842; mais à côté d'efforts louables il y a bien des imperfections à regretter : ainsi les instruments sont d'un mauvais choix, les labours ne sont ni assez répétés ni assez profonds pour aérer une terre argilo-siliceuse et détruire les mauvaises herbes qui l'envahissent.

L'alternat des plantes est à peine observé. M. Loup n'a pas un assolement régulier.

Les récoltes se ressentent de cet état de choses, et toutes sans exception étaient, au moment de la visite, d'une médiocrité regrettable.

M. GENEST (aîné).

Le domaine des Mières est situé sur l'extrême frontière du département de l'Ain, tout près des montagnes qui le séparent de celui de l'Isère; son sol fait partie de la commune des Loyettes.

Cette ferme, longtemps abandonnée de ses propriétaires, confiée aux soins de pauvres tenanciers, n'a jusqu'à ce jour profité ni aux exploitants fermiers ou métayers, ni à ses acquéreurs successifs.

C'est à la suite des désastres financiers du dernier propriétaire que M. Genest, marchand grainier à Lyon, est resté adjudicataire en 1863 des 135 hectares de terres et des habitations qui composent cette exploitation, pour la modique somme de 35.000 francs.

La ferme des Mières est en plaine; les terres sont autour des constructions; elles s'étendent au loin sur un sol brûlant, sans arbres qui l'habillent et l'abritent; ce sol appartient au terrain diluvien-lacustre; il est composé de galets, de cailloux roulés et de sables quelquefois ferrugineux.

Il faut avoir une bien grande confiance dans les transformations que peuvent opérer les améliorations agricoles pour venir planter sa tente dans des conditions aussi défavorables.

C'est cependant dans ce sol ingrat, sur cette ferme sans prairies naturelles, sans eaux courantes pour en créer, sans ressources fourragères assurées, que M. Genest fait de l'agriculture.

Depuis son installation aux Mières, les maisons de ferme et d'habitation ont été réparées, des chemins d'exploitation ont été créés pour desservir les diverses pièces du domaine; une vigne de 2 hectares a été plantée; les cultures ont été améliorées.

Aujourd'hui les étables contiennent 7 vaches, 5 bœufs et un taureau; la bergerie, 172 têtes de brebis et d'agneaux; les écuries, un cheval et un mulet.

Ces animaux, au moment de la visite, laissaient à désirer: la maladie *des bois* affecte depuis quelque temps les vaches, dont elle tarit le lait; les moutons se ressentaient de l'insuffisance des pâturages. Les bœufs et chevaux de travail se trouvaient en meilleur état.

Les terres marchent lentement vers la période de forte production, et cela se conçoit : la commune de Loyette est peu productive en fourrages; on trouve difficilement à en acheter. Les grandes villes, qui seules procurent du fumier aux campagnes, sont bien éloignées pour qu'on puisse en amener économiquement. Enfin, le domaine, comme nous l'avons dit, est trop sec pour se prêter à la production des plantes fourragères à faucher.

Ces conditions tout-à-fait désavantageuses auraient pu être vaincues à la longue : en appliquant aux Mières le système pastoral, on serait arrivé insensiblement à passer des mauvais pacages aux bons, des pâturages aux fourrages fauchés, et on aurait insensiblement amélioré tout le domaine.

M. Genest, s'inspirant avant tout des besoins de son commerce de grains, a préféré se livrer à la production des blés, des pois gris d'hiver, des vesces, des gesses et d'une foule d'autres plantes de jardin récoltées en grain; il consacre à la nourriture des bestiaux les plus mauvaises terres, sur lesquelles il a semé de la minette, dont les faibles produits sont trop vite pâturés; puis il sème des fourrages verts d'hiver et d'été, des pommes de terre, des racines, des navets.

Ces nombreuses plantes épuisantes absorberaient une quantité considérable d'engrais; n'en ayant que fort peu à sa disposition, M. Genest se trouve forcé de donner de faibles fumures et d'utiliser les engrais commerciaux d'un transport moins onéreux, tels que le phospho-guano.

Les récoltes se ressentent de cette pénurie d'engrais, et, au 9 juin, les 15 hectares de blés étaient clairs et courts, les 10 hectares de pois, vesces et gesses promettaient une demi-récolte; 2 hectares 40 ares de pommes de terre et quelques essais de moha se présentaient seuls dans de bonnes conditions.

M. Genest se trouve dans la période de création: il a dépensé jusqu'à ce jour une somme de 50,000 francs en réparations, achat de bétail, cheptel et instruments; ces avances, réunies au prix d'acquisition, portent le capital engagé à 85,000 francs; les résultats obtenus sont encore bien faibles: il ne peut en être autrement après trois ans d'exploitation dans un sol aussi ingrat.

Le Jury a visité avec intérêt l'exploitation des Mières. Il eût désiré donner un encouragement à M. Genest: il n'a pu le faire en présence des modestes résultats de cette entreprise à son début.

Les frères et sœurs CULAS

(CONCOURS DE SPÉCIALITÉS)

En 1802, les époux Culas possédaient 6 hectares de terre à Saint-Triviers-le-Boucheux; ils furent assez heureux pour acquérir, à proximité, une maison environnée de 2 hectares de champs, au prix de 1,900 francs.

C'est dans ce petit domaine, appelé La Rousse, qu'ils ont élevé leur famille, composée de trois garçons et quatre filles.

Pendant que la maison s'augmentait, la fortune ne restait pas stationnaire, et, grâce à son travail et à son économie, M. Culas était en 1830 électeur censitaire à 300 francs.

Deux des fils avaient embrassé la carrière ecclésiastique; le troisième resta à la maison pour concourir avec ses sœurs à l'exploitation du domaine.

M. Culas père mourut en 1847, laissant un avoir de 70,000 francs environ, fruit de ses économies; au décès de sa veuve, arrivé en 1852, le fils, qui s'était établi, resta à la tête de l'exploitation avec deux de ses sœurs; les deux autres allèrent prendre la direction du ménage de leurs frères.

En 1861 le jeune chef de famille mourut à son tour, laissant la direction de cette propriété déjà considérable à sa femme, mère de quatre enfants en bas âge, et à ses deux sœurs.

Cette tâche eût été au-dessus de leurs forces si l'un des prêtres, curé d'une paroisse voisine de Saint-Triviers-le-Boucheux, n'avait pris en main la haute direction du travail de l'exploitation.

Maintenant que nous avons fait connaître l'historique de la famille Culas, il nous reste à vous initier aux travaux sur lesquels les concurrents ont appelé l'attention de la Commission de visite.

En 1802 la propriété de la Rousse comprenait 8 hectares, aujourd'hui elle en a 100, évalués au prix de 120,000 francs. Ce domaine se compose de parcelles successivement ajoutées au noyau principal, puis d'un étang de 30 hectares acheté en 1853 au prix de 12,000 fr.

Cet étang, situé près des habitations, engendrait des fièvres qui firent décréter son dessèchement; à la suite de cette décision administrative, il fut acheté par la famille Culas, restée en indivision.

Le dessèchement de cet étang est l'entreprise importante de ces concurrents. Les difficultés étaient plus considérables ici qu'elles ne le sont ordinairement : le sol, de nature argilo-siliceuse, retenait avec persistance les eaux: il a fallu creuser un vaste et large ruisseau central, puis opérer des nivellements qui n'ont pas coûté moins de 8,000 francs: et comme le creusement de ce ruisseau était une œuvre tout-à-fait privée, la famille Culas a dû établir un pont à ses frais pour rendre praticable le passage de la route de St-Triviers à St-Amour.

La Commission a trouvé cet étang en prés; toute la surface ne produit pas des fourrages de première qualité: les parties les moins inclinées ont conservé un fonds froid et humide qui favorise le développement de toutes les plantes marécageuses; pour compléter ce travail, il eût fallu opérer un drainage régulier de tout l'ancien étang, et, selon toute probabilité, on sera obligé de le faire.

Au bas de l'étang se trouve un moulin réparé et amélioré. Le locataire qui l'exploite paye, tant pour le moulin que pour 6 hectares de terre, un fermage annuel de 800 francs.

Aujourd'hui la famille Culas a réduit ses cultures à 60 hectares: le surplus a été affermé.

Nous ne croyons pas devoir entrer dans de plus grands détails sur l'exploitation de la Rousse, parce que nous n'y voyons point de faits nouveaux à signaler.

Au moment où l'esprit de famille semble se relâcher, où les enfants sont si disposés à abandonner le toit paternel pour se créer une existence à part sans s'inquiéter des conséquences de cet abandon, le Jury a pensé qu'il était de son devoir de signaler les travaux agricoles des frères et sœurs CULAS en leur décernant *une médaille d'argent*, pour le dessèchement d'un étang de 30 hectares.

Cette famille tout entière vouée au bien-être commun, ces quatre femmes, successivement filles, sœurs et tantes dévouées, ont bien mérité de l'agriculture.

Que d'efforts n'a-t-il pas fallu réaliser, que de peines n'ont-ils pas eu à supporter, que de privations n'a-t-on pas dû s'imposer pour accroître progressivement une si petite fortune agricole et l'amener, après plus d'un demi-siècle, au point où elle est arrivée! — Nous le répétons, c'est un bon exemple que le Jury a voulu encourager.

M. MECHET.

Peronas est une petite commune située à 4 kilomètres de Bourg; placée sur la crête d'un mamelon cultivé, elle domine les Dombes à Etang; sa surface ondulée, ses terrains à pentes douces, rarement rapides, la débarrassent de l'excès d'humidité qui s'attache aux sols argilo-siliceux qui caractérisent la contrée.

C'est dans ce site riant et plantureux de la Bresse que se trouve le domaine du Thioudet.

Ce fut en septembre 1849 que M. Mechet fit l'acquisition de cette propriété, au prix de 250,000 francs.

Ce domaine présentait alors un revenu de 7 à 8,000 francs, payés d'une manière très irrégulière par plusieurs fermiers qui cultivaient les 125 hectares composant sa surface.

Ce revenu, il faut le reconnaître, n'était pas en rapport avec le prix d'achat; mais on escomptait à larges intérêts l'agrément d'une habitation environnée d'un clos, plantée de bouquets d'arbres, entremêlés de vertes pelouses.

Puis, il faut le dire, M. Mechet espérait obtenir une amélioration dans le revenu du domaine, en lui consacrant quelques capitaux.

Retenu à Belleville par des affaires commerciales, M. Mechet s'est peu occupé du Thioudet, jusqu'à la fin de 1858 ; cependant il y a fait quelques réparations, il a agrandi sa surface de 8 hectares de bois, et consenti des échanges de peu d'importance ; mais, à partir de cette époque, il s'est fait cultivateur.

A cette date, le domaine se subdivisait comme suit :

Bois	16 h.	78 a.	13 c.	133	45	43
Prés arrosés	27 »	09 »	80 »			
Prés humides	09 »	08 »	52 »			
Terres arables	75 »	12 »	97 »			
Vignes	03 »	32 »	00 »			
Cour et bâtiment	02 »	27 »	01 »			

En se chargeant de la direction de l'exploitation du Thioudet, M. Mechet avait besoin d'agrandir ses constructions, jugées insuffisantes ; il dut successivement bâtir des écuries, des hangars, un bûcher, une chambre à four, une laiterie, des aires à fumier, un poulailler et une porcherie ; enfin il a amélioré les maisons de la ferme de Monternoz.

Ces travaux ont nécessité une dépense de 32,969 fr. Au moment de la visite, les divers services de l'exploitation comprenaient une bouverie à deux rangs, crèches et râteliers au mur, corridor au milieu, le sol betonné ; elle renfermait, au 5 juin, 10 bœufs charollais et bressans et 2 taureaux ; ces animaux étaient d'un bon choix. A côté, une seconde étable logeait 4 jeunes taureaux d'un an. La vacherie, située dans un second côté d'équerre, à deux rangs, bien aérée, logeait 9 vaches et 2 génisses pleines. Enfin, une ancienne étable appropriée, abritait trois génisses d'un an et 4 veaux de lait.

L'écurie, à cinq places, était occupée par un cheval de travail et un cheval de cabriolet, pour le service de M. Mechet.

La porcherie forme un pavillon angulaire de la cour ; elle est à quatre loges pavées, avec volets mobiles découvrant l'auge, et portes latérales. Les loges étaient habitées par une truie-mère de race bressane, 9 porcelets de 2 à 3 mois, 4 jeunes truies croisées et un jeune verrat croisé new-leicester de 7 mois.

Un poulailler assez vaste, fermé par une grille en bois sur mur de clôture, servait de logement à bon nombre de volailles de race bressane.

Sous un hangar se trouvaient réunis tous les instruments aratoires : ils sont d'un bon choix et très nombreux.

Les aires à fumier et les fosses à purin sont installées aux quatre coins de la cour; on sort les litières de dessous les animaux tous les quinze jours; à ce moment, on les mélange en formant des couches horizontales arrosées au moyen de pompes fixes; on forme deux tas à la fois; cette installation est bien entendue.

En réunissant tous les animaux nourris sur la ferme, on trouve qu'ils représentent l'équivalent de 30 têtes de bétail du poids de 350 kilog. Ce chiffre paraît bien restreint pour entretenir et augmenter la fécondité des terres; car aujourd'hui encore, en prélevant les bois, les cours et les terres affermées jusqu'au moment de la visite, il reste un domaine cultif de 71 hectares 1/2 de terres, décomposé comme suit:

Prairies arrosées	16 h.	38 a.	37 c.	89	03	63
Prés non arrosés.........	9 »	58 »	81 »			
Terres arables...........	42 »	20 »	63 »			
Vignes	3 »	32 »	00 »			
Bâtiments et cours	1 »	66 »	32 »			
Bois.....................	15 »	87 »	50 »			

Le sol du Thioudet est de nature siliceo-argileux et argilo-siliceux: ces terres perméables sont débarrassées des eaux de pluie qui resteraient à la surface, en traçant des sillons étroits et bombés dans le sens de la pente; c'est un drainage *sur terre* qui serait avantageusement remplacé par des empierrements, les cailloux roulés se rencontrant à peu de profondeur sur plusieurs points du domaine.

M. Mechet laboure profondément ses terres, et ses labours sont bien exécutés.

Son but est d'arriver à un assolement régulier de six ans dans lequel les plantes sarclées entreraient pour 1/6e, les céréales d'hiver 2/6es, le trèfle 1/6e, les céréales de printemps 1/6e, les fourrages verts 1/6e.

La fumure donnée aux pommes de terre et betteraves est indiquée de 45,000 kilog. à l'hectare, celle du maïs 35,000 kilog., les fourrages annuels recevraient seulement une demi-fumure.

Ce n'est qu'en achetant des engrais que M. Mechet a pu fournir à son domaine cette quantité de fumier.

Au moment de la visite, le colza se récoltait; semé sur un hectare, il promettait 22 hectolitres; les pommes de terre et les betteraves, de bonne venue, réclamaient des cultures d'entretien que retardaient les pluies; le maïs pour grain, semé à plat et enfoui avec une charrue buttoir, ne laissait rien à désirer.

Le froment rouge barbu, depuis longtemps cultivé dans la contrée, le seigle et le méteil couvraient de 14 à 15 hectares de terrain, un tiers environ avait été semé en lignes. Ces céréales étaient assez propres pour la saison et de bonne venue; on a cru se rapprocher de la vérité en évaluant le rendement moyen de ces blés de 20 à 22 hectolitres à l'hectare.

Quatre hectares et demi de trèfle rouge semé en 1865, bien garnis sur les deux tiers, laissant à désirer sur le reste; peut-être faut-il en chercher la cause dans l'insuffisance des semences, répandues à raison de 15 kilogrammes à l'hectare.

Le jeune trèfle de 1866, semé sur 7 hectares de blé, était levé.

Enfin les avoines se présentaient dans de bonnes conditions, et les fourrages annuels, déjà consommés, laissaient un sol assez propre qu'on s'occupait de retourner.

Les prairies naturelles se divisent en 16 hectares 38 de prés arrosés par les eaux de la Veyle, qui souvent les inonde, et 9 hect. 58 de prés arrosés seulement en temps de pluie.

Pour éviter les dégâts occasionnés à ses prairies par les débordements de la rivière, le propriétaire du Thioudet a construit, le long de son rivage, une digue en terre plantée d'essence à bois tendre.

Au moyen de barrages et de vannes, M. Mechet profite avantageusement des eaux fécondantes de la Veyle, pour arroser régulièrement ses prairies basses et des eaux qui découlent des cultures pour rafraîchir les prés pentueux.

Ces prairies sont d'un bon rendement, mais les parties basses, trop souvent visitées par les eaux, ne sont pas de première qualité.

M. Mechet a trouvé sur le domaine une vigne plantée de 3 hectares 32 ares; il en a planté une nouvelle sur bois défrichés; cette dernière allait entrer dans un vigneronnage affermé.

Ces vignes, garnies en gamays, picard et bressan, sont plantées et entretenues d'après la méthode suivie dans le Bojalais. Les ceps, espacés de 50 à 60 centimètres les uns des autres, sont échalassés pendant leur jeunesse; plus tard, on se contente de lier l'extrémité des sarments de deux ou trois souches; c'est le seul soin qu'on donne au cep lui-même: la terre est entretenue propre au moyen de plusieurs façons à la bêche plate ou à dents.

Les souches sont conduites en cornes avec coursons plus ou moins chargés, selon la vigueur de la tige.

M. Mechet fume ses vignes tous les trois ans; il en obtient un produit abondant d'assez bonne qualité, qu'il vend sur place, ou qu'il fait conduire à Belleville.

Le domaine du Thioudet est dirigé par un contre-maître, qui reçoit ses ordres de M. Mechet: il a de plus un chef de main-d'œuvre, deux bouviers, deux aides chargés des étables et de la manipulation des fumiers.

Ces domestiques sont nourris par les soins du contre-maître, qui reçoit, outre les provisions de ménage, une indemnité en argent.

En été, quatre tâcherons et cinq ou six femmes non nourries complètent le service de la main-d'œuvre.

Les domestiques reçoivent de 250 à 350 francs par an: les ouvriers non nourris se paient de 1 fr. 50 à 2 fr. 50: les femmes, de 1 fr. 25 à 1 fr. 75 selon la saison.

M. Mechet n'a pas tenu de comptabilité jusqu'en 1858: dès lors il a voulu simplifier la partie double pour l'appliquer à l'agriculture.

Nous devons avouer que ses modifications ne nous ont pas paru heureuses: son mémorial-caisse, qui avec le grand-livre forment toute la comptabilité, n'arriveront jamais à donner les renseignements pratiques qu'on aurait besoin d'y puiser.

Il est impossible, par exemple, de retrouver le compte de chaque culture, des engrais, des bêtes de rentes, le prix de la journée de travail. Nous ne doutons pas que M. Mechet le premier n'ait été frappé de l'insuffisance de ces livres, tenus le premier par le contre-maître, le second par le propriétaire.

En pénétrant dans les détails, on voit que l'inventaire ne porte que sur le mobilier mort et vivant, laissant tout à fait dans l'ombre le compte engrais, amendements, emblavures, etc., etc., etc.

Les avances aux cultures figurent à l'actif d'une manière permanente, sans tenir compte de l'amortissement, conséquence nécessaire de leur usure.

Le compte *Capital* n'existe pas non plus.

Enfin les frais généraux ne sont débités ni d'un appointement, ni même de l'entretien du ménage de l'exploitant, qui consacre la meilleure partie de son temps à cette partie de sa fortune à titre gratuit.

C'est donc dans le mémoire de M. Mechet, dans les notes accessoires qu'il a bien voulu nous donner et non dans ses livres que nous trouvons les renseignements suivants :

Le Thioudet a coûté en 1849	250.400	»
Les travaux de construction se sont élevés à	32.969	75
Les avances en améliorations culturales, défrichement	15.376	25
Enfin le mobilier mort et vivant au 1er novembre 1865 s'élevait à	24.323	50
Le total des capitaux engagés dans l'exploitation est ainsi de	323.069	50

D'après les documents fournis par M. Mechet, les sept années d'exploitation commencées en 1858, terminées fin 1865, auraient donné un revenu net de 93,477 fr. 95 c. Il ajoute à ce chiffre la différence entre la valeur du capital d'exploitation à ces deux époques. Cette différence, qui est de 8,332 fr. 50 c., doit déjà figurer dans les inventaires annuels, s'ils ont été régulièrement faits : nous ne les portons pas pour éviter un double emploi.

En divisant ces 93,477 fr. 95 c. entre les sept années d'exploitation directe de M. Mechet, on trouve 13,382 fr., représentant le service des intérêts des 323,000 francs de capital engagés, soit 4 fr. 14 c. pour cent.

Ces résultats seraient satisfaisants s'ils s'appliquaient au seul capital foncier ; mais sur les 323,000 fr. engagés, 32,969 fr. consacrés à des constructions sont soumis à des renouvellements partiels ; les 24,323 fr. 50 c. formant le capital d'exploitation ont des risques à courir ; 15,376 fr., consacrés à des améliorations foncières, doivent être amortis dans un laps de temps plus ou moins considérable.

Quoi qu'il en soit de ces observations et des réductions que ces revenus annuels auraient à subir si on leur appliquait les principes rigoureux de la comptabilité, la Commission a pu constater que déjà M. Mechet a atteint en partie le but qu'il s'est proposé en se faisant momentanément agriculteur.

Ce qu'il voulait, c'était de relever le prix du fermage, en améliorant les prairies, en étendant les cultures au préjudice de mauvais bois. Après sept ans d'efforts, la location ancienne de 60 francs s'est presque doublée, et déjà il a pu remettre en ferme 44 hectares à des conditions avantageuses.

Le Jury a voulu récompenser ce bon exemple, qui trouvera, nous en sommes assurés, de nombreux imitateurs, en décernant à

M. Mechet, propriétaire-agriculteur à Péronas, *une Médaille d'or* pour le bon état de ses cultures et particulièrement de ses plantes fourragères.

M. COTTON Jules.

La Commission d'examen est allée visiter M. Jules Cotton à l'extrémité méridionale du plateau des Dombes, tout auprès de Chalamont.

La Dombe ne se présente plus dans ce canton avec cet air triste et désolé qu'elle conserve encore sur quelques communes de l'arrondissement de Trévoux; de loin en loin s'étagent de grandes et belles constructions modernes; les étangs, déjà en partie rendus à la culture, ne se montrent que pour témoigner des progrès réalisés, des travaux que ces importantes améliorations ont occasionnés.

M. Cotton est fermier général de six domaines appartenant à M. Piperoux; il les a loués de ce propriétaire par bail du 11 novembre 1860.

Ce bail témoigne des intentions qui préoccupaient le bailleur en affermant et le preneur en se chargeant de ces domaines.

Il porte entre autres conditions que M. Cotton se charge de dessécher 60 hectares d'étangs en 6 ans, puis de les convertir en prairies à faucher, et, comme conséquence du retour de ces terres à la culture, une ferme devait être construite tout auprès du grand étang de Chalamont, de 47 hectares de surface.

Ces travaux et constructions ont été évalués sur des plans et devis dressés par M. Cotton à 52,910 francs.

M. Piperoux s'est chargé de la dépense : 1° en donnant 36,000 fr. à son fermier, qui lui en sert un intérêt au 2 1/2 p. °/o; 2° en abandonnant 16,000 francs sur les indemnités données par l'Etat pour hâter la mise en culture des étangs; 3° enfin en permettant de couper sur les bois du domaine affermé les chênes nécessaires aux constructions, dont l'achat n'était point compris dans le devis.

Les fermages réunis des domaines affermés à M. Cotton s'étaient élevés jusqu'à la signature du bail, défalcation faite des charges, à la somme annuelle de 8.800 francs. Ce fermage n'a pas été augmenté, mais on a mis à la charge du preneur les assurances, les impôts, enfin les intérêts au 2 1/2 p. % des 36,000 francs, si bien qu'il s'élève aujourd'hui à 11,400 francs.

En prenant ce fermage général, il ne pouvait entrer dans les intentions de M. Cotton de faire valoir six domaines, dont la surface de 400 hectares se trouvait disséminée sur quatre communes voisines, aussi cinq corps de ferme furent immédiatement sous-affermés.

M. Cotton se réserva le sixième domaine, sur lequel il devait dessécher les étangs et construire les bâtiments de ferme; il était formé de :

5 hectares	61 ares	60 centiares	de prés.
16 —	42 —	80 —	de terres.
66 —	53 —	» —	d'étangs.
32 —	98 —	» —	de bois.
1 —	22 —	72 —	de cours, bâtiments et chemins.
Total de la réserve. . 122 hectares	78 ares	00 centiares.	

Ce domaine, pour les prés et les champs, est d'un seul tènement; il est traversé par les routes de Chalamont à Pont-d'Ain et de Lyon à Bourg.

Le sol est siliceo-argileux, parfois caillouteux, surtout dans les parties pentueuses: la sécheresse y exerce une influence pernicieuse aux plantes.

Nous avons dit que M. Cotton avait à dessécher 60 hectares d'étangs, puis des constructions importantes à élever.

La Commission a trouvé ces deux obligations en grande partie remplies.

Les bâtiments ont été placés sur un terrain à surface plane, tout près des anciennes constructions qu'on a appropriées à de nouveaux services; ils forment un ensemble des plus complets.

Le fermier occupe un chalet suffisamment grand pour loger toute sa famille, il est environné de bosquets: un peu au-dessus se trouve un poulailler, puis le logement des domestiques, un four, une buanderie et un serre-tout.

Les bâtiments neufs sont à 50 mètres environ de l'habitation de M. Cotton, ils forment un parallélogramme avec une aile en retour d'équerre; nous allons en étudier les principales dispositions.

Les écuries, divisées en deux compartiments, sont très convenablement installées avec boxes fixes, l'air et la lumière y arrivent aisément. On trouvait dans ces écuries, au moment de la visite, 5 juments poulinières, dont une suitée, et un poulain de 2 ans. Ces animaux déjà sur l'âge, d'un choix assez ordinaire, ont été remis à M. Cotton par l'Etat, après la campagne d'Italie.

Un hangar couvert sépare les écuries des étables.

Les vaches sont logées dans deux étables se faisant suite, mais séparées par un corridor de 8 mètres de largeur qui sert en même temps de remise à fourrages et de passage.

Ces étables ont uniformément 16 mètres de longueur sur 12 de largeur; les animaux placés croupe à croupe sont séparés par un corridor de service; 6 colonnes symétriquement espacées limitent ce corridor en même temps qu'elles soutiennent le plancher sur tête qui supporte les fourrages.

La lumière arrive dans chaque étable par 6 fenêtres placées à 2 mètres d'élévation, leur largeur est de 1 m. 25 sur 0,75 de hauteur: le vitrage s'abat où se relève à volonté au moyen d'une corde à poulie.

Le sous-pied de ces vacheries est betonné, des caniveaux sous terre réunissent les purins dans une fosse.

On trouvait dans la vacherie, en juin 1866, 2 taureaux. 18 vaches ou génisses pleines et 11 élèves de 6 à 18 mois.

Ces animaux proviennent d'un croisement Ayr-Breton bien réussi, qui déjà a valu quelques récompenses à M. Cotton dans les concours régionaux.

En suivant l'ordre des constructions, on trouve, en retour d'équerre à la suite de la vacherie, un vaste hangar sur piliers, fermé d'un seul côté; c'est sous ce hangar, qui n'a pas moins de 38 mètres de longueur sur 8 de profondeur, que se trouvent réunis les divers instruments d'intérieur et d'extérieur de ferme.

Tout ce qu'on en peut dire, c'est que le choix en est bon, qu'ils sont nombreux, très variés et parfaitement entretenus.

Au-dessus de ce hangar on a construit un grainier extérieurement cloisonné en plateaux; la toiture lui sert de plancher sur tête.

Les grains s'y trouvent dans les meilleures conditions possibles de conservation.

Les fenils, placés sur les écuries et les étables, sont assez étendus pour recevoir 170,000 kilos de fourrages et de paille.

Les deux plates-formes à fumier établies derrière les étables sont abritées par un toit à pan de moulin, couvert en tuiles creuses; elles reposent sur un fonds creusé de 8 mètres de longueur sur 6 de largeur.

La fosse à purin, construite à l'une des extrémités du hangar, est pourvue d'une pompe aspirante et foulante, elle élève le liquide et le verse dans un conduit en fer-blanc qui dirige le purin sur les fumiers.

La cour et les bâtiments sont pourvus d'un mur d'enceinte continu; une fontaine jaillissante alimente l'abreuvoir et la baignoire; des saules pleureurs les protégent contre les rayons du soleil.

Les terres du domaine forment un bassin allongé dont les bâtiments d'exploitation, un jardin fruitier et un verger forment la base.

Au moment de la visite, les terres trouvées par M. Cotton, en 1860, en grande partie en étangs, avaient été considérablement modifiées.

Les prairies s'étendaient sur	50h	63a	30c
Les cultures id.	12	63	80
Les étangs id.	22	50	»
Les bois id.	33	48	»
Les bâtiments, chemins et cour s'étendaient sur..	2	39	72
Les vignes s'étendaient sur....................	1	13	30
Total	122h	78a	12c

Les prairies occupent surtout les terres basses du domaine; elles ont été partagées en deux parties inégales par un chemin de service créé par M. Cotton.

Ces prairies ont été semées sur le fonds qu'occupait le grand étang de Chalamont, de 47 hectares de surface.

C'est en 1861 qu'on a commencé les travaux préparatoires; ils ont suivi le dessèchement de cet étang; on a dû successivement abattre les digues, les niveler, assainir les parties humides et tourbeuses, puis donner de profonds labours suivis de chaulage, rendre enfin ces terres à la culture en leur fournissant d'abondant engrais.

Les drainages partiels exécutés par M. Cotton sur ces terrains l'ont été par empierrement, c'était un moyen économique de se débarrasser d'une partie des galets assez nombreux qui couvrent certaines pièces du domaine.

Ce n'est qu'après plusieurs années de cultures fumées qu'il a été possible à M. Cotton de semer ses prairies; les graminées unies aux légumineuses ont formé la base du gazonnement.

Pour conserver la fécondité de ces nouvelles prairies, le fermier de Chalamont a fait creuser un large et profond fossé qu'il appelle une rivière, il n'a pas moins de 1,500 mètres de longueur; ces eaux se réunissent dans deux étangs d'irrigations munis de vannes fixes, de là elles passent dans des rigoles secondaires, où, au moyen d'ardoises remplaçant les vannettes mobiles, on arrose successivement toutes les prairies.

Les irrigations commencent aussitôt que les gelées sont passées et surtout en temps de pluie, lorsque les eaux sont chargées de principes fertilisants; on arrose le même point deux jours de suite, ce n'est qu'après une suspension de huit jours qu'on recommence.

Ces irrigations cessent complétement vers la fin d'avril, on les reprend après la rentrée des foins.

Les prairies qui avoisinent l'habitation reçoivent seules les eaux grasses des cours; elles se présentaient dans de meilleures conditions que les autres.

Généralement, la Commission a trouvé ces prés peu fournis; les légumineuses apparaissaient de loin en loin; elles ne semblent pas se plaire dans les conditions qui leur ont été faites.

La médiocrité de la récolte sur pied, dans une année où d'abondantes pluies ont versé sur ces prairies des eaux chargées de détritus des terrains supérieurs, laisserait croire que M. Cotton, pressé par les délais de son bail, aurait converti trop rapidement ces étangs en prairies; peut-être aussi n'ont-ils pas reçu de fumures assez répétées, assez abondantes surtout pour produire les légumineuses, qui sont très exigeantes.

Les cultures sont réparties sur 12 hectares 63 ares; on comprend qu'après cinq ans de bail, ayant à changer complétement l'ancien état des choses, M. Cotton n'ait point encore adopté un assolement régulier. Des blés, des orges, des avoines et des racines se partageaient, dans des proportions très inégales, la surface consacrée aux cultures.

Toutes ces plantes, à l'exception de 75 ares d'avoine de Sibérie, quoique bien entretenues et semées sur un terrain sans mauvaises herbes, ne laissaient espérer qu'une récolte moyenne, tant en paille qu'en grain.

M. Cotton a choisi un terrain bien abrité, situé au-dessus des murs de la cour, pour y établir une vigne.

Le sol a reçu une préparation convenable, et déjà la plantation s'étend sur 113 ares.

Une partie seulement de cette vigne, celle plantée en 1862, a reçu un échalassement d'après le système Collignon.

Le Gamay du Beaujolais, plant choisi par M. Cotton, est conduit en corne et à coursons.

Les labours et les binages ont été donnés avec soin, mais les ceps n'avaient point encore été ébourgeonnés et la vigne se trouvait surchargée de brins inutiles.

Cette vigne, de même que la plus grande partie du domaine, se trouve séparée des propriétés voisines par un fossé de 1 mètre 30 c. de profondeur et une haie vive en épine blanche de plus de 3,000 m. de développement; sur d'autres points, le fermier de Chalamont a fait placer 1,200 mètres de fortes clôtures en treillis de chemin de fer.

M. Cotton, pendant la période de 5 ans, commencée en 1860 et qui a été close le 11 novembre 1865, a dû entretenir un nombreux personnel pour exécuter les travaux de construction et le dessèchement des étangs.

Ses 10 employés lui coûtaient annuellement 3,450 francs de gages; il a pu dès lors les réduire à 1,460 francs, outre la nourriture, le blanchissage et le logement.

Jusqu'à présent les produits de la vacherie, quelques bœufs d'engrais, des céréales, ont formé la production principale du domaine.

Le lait qui n'est pas nécessaire à l'alimentation des veaux et aux besoins du ménage s'écoule avantageusement à Chalamont, où il est vendu 15 centimes le litre; les animaux de boucherie et les céréales trouvent un débouché facile sur le marché du voisinage.

M. Cotton, qui pendant longtemps a suivi d'importantes transactions pour le compte de la Compagnie de Paris à la Méditerranée, connaît la nécessité d'une bonne comptabilité; aussi a-t-il cherché à appliquer la tenue de livres en partie double à son exploitation, sans cependant se soumettre à toutes ses exigences.

Cette comptabilité accuse les résultats suivants :

Dépenses totales au 31 décembre 1865		247.430 53
Recettes id. id.		206.353 99
Excédant des dépenses sur les recettes		41.076 54
Cette différence se trouve couverte par les avoirs suivants de l'inventaire à la même date :		
Créances sur l'Etat..................	16.000 »	
Bestiaux..........................	5.290 »	
Chevaux..........................	1.350 »	
Instruments : d'intérieur de ferme..... 3.268 » ; d'extérieur............. 5.115 »	8.383 »	
Récoltes en grange et magasin	8.123 25	
Meubles de ménage	995 90	
Emblavures.......................	2.000 »	
Total à déduire	42.142 15	
Excédant des recettes sur les dépenses..		1.065 61
	42.142 15	42.142 15

On voit d'après cet inventaire sommaire que M. Cotton amortit ses fumiers, ses chaulages, ses drainages, etc., l'année même de leur mise en terre; c'est sans doute pour cela qu'après 5 ans d'exploitation il se trouve en présence d'un bénéfice insignifiant qui ne présente pas le véritable état des choses, sa position réelle: ces avances profitent en effet à plusieurs récoltes successives : la chaux, par exemple, donnée à raison de 70 hectolitres à l'hectare, sera utilisée par dix récoltes successives: pourquoi en charger seule la première année, qui se trouvera en perte, tandis que les dernières donneront des bénéfices exagérés.

Peut-être M. Cotton devrait-il apporter quelques modifications dans ce sens à sa comptabilité.

En nous résumant : la Commission a visité avec intérêt l'exploitation de M. Cotton, elle a trouvé en lui un fermier plein de courage, un organisateur de mérite; ce qui lui manque peut-être, c'est cette pratique si puissante pour modérer les impatiences bien naturelles dans le début d'une carrière agricole ; pour marcher à coup sûr, pour arriver à des améliorations durables, il faut éviter la précipitation. Ainsi, il ne nous paraît pas douteux qu'avec des ressources aussi restreintes en engrais que celles que présentait le domaine dans son ancien état, avec 5 hectares 60 ares de prairies, on n'a pu fumer suffisamment une profonde couche arable qui devait porter des prairies ; déjà on en voit les effets : les légumineuses disparaissent, les graminées, restées seules, ne fournissent plus qu'un produit moyen, là où on devrait avoir une abondante récolte.

Il est temps encore de changer cet état de choses en jetant une bonne partie des engrais, des terreaux, des purins sur ces prairies; les eaux d'irrigations ne sont ni assez abondantes, ni assez riches pour en entretenir la fécondité.

Quoi qu'il en soit de ces observations, le Jury a tenu à récompenser les efforts de M. Jules COTTON en lui décernant *une médaille d'or, grand module.*

Il la lui accorde pour l'heureux aménagement de l'ensemble de sa ferme, pour l'installation de ses bâtiments ruraux, surtout de ses étables, et enfin pour le bon choix de son bétail.

M. DE VALBREUSE.

Le domaine de Notre-Dame-des-Champs, que la Commission est allée visiter à un kilomètre environ de St-Triviers-sur-Moignans, est une propriété de famille, échue en partage à Mme de Valbreuse ; il était alors divisé en trois fermes de 180 hectares de surface.

En visitant ce domaine, M. de Valbreuse avait été frappé des conditions avantageuses dans lesquelles il se trouvait sous le rapport du sol, de l'exposition et des nombreux débouchés offerts à ses produits; aussi, après s'être assuré le concours de capitaux suffisants, se décida-t-il à se faire agriculteur et à prendre en main l'exploitation directe de cette propriété.

Les anciennes fermes avaient des maisons séparées les unes des autres, situées sur divers points du domaine, qui ne pouvait se prêter à la concentration des terres sous une direction unique.

M. de Valbreuse dut changer cet état de choses, et après avoir fait choix d'un terrain joignant la route de St-Triviers à Lyon, il fit dresser le plan des constructions, des cours et des jardins qu'il avait projetés et qui devaient s'étendre sur une surface de 2 hectares.

Ce plan d'ensemble commencé en 1857 fut terminé en 1859; à la fin de cette même année, il prit possession des 180 hectares qui formaient les anciennes fermes.

Ces constructions sont d'un aspect imposant et grandiose; lorsqu'on arrive par la grande route, on se trouve sur un des petits côtés d'un parallélogramme rectangle; le fond est occupé par les habitations du personnel; à droite se trouvent les écuries, les fosses à fumier et une usine; à gauche s'élève la porcherie.

Derrière l'habitation, dans un jardin potager-fruitier, une pompe aspirante et foulante à manége, fournit l'eau nécessaire aux besoins du ménage et des étables; derrière l'usine, un bassin de 6,000 mètres cubes d'eau forme un réservoir pour les besoins de l'usine et aussi pour le cas d'incendie.

Les terres, les prés et les champs forment un ensemble qui s'étend sur les trois côtés des bâtiments et aussi en partie derrière la grande route.

D'un seul coup d'œil on embrasse ces détails, bien faits pour inspirer des goûts agricoles à l'homme du monde.

Si nous entrons dans les détails de l'exploitation, nous trouvons à droite des écuries divisées et servant pour les chevaux de travail, les juments poulinières, les élèves et la sellerie.

Ces écuries sont construites dans les meilleures conditions: l'installation dénote un homme de goût, le confortable se montre partout.

Les étables d'engrais et la vacherie viennent ensuite: elles sont divisées en quatre compartiments égaux, pouvant loger commodément 40 têtes de gros bétail.

Les râteliers ont été supprimés; les auges, où se distribue la nourriture hachée et des pulpes, sont construites en briques cimentées.

Le sol des écuries et des étables est betonné, quelquefois briqueté avec rigoles latérales sur chemin de service légèrement bombe.

Tous les purins se réunissent dans des fosses cimentées.

A l'extrémité de ce bâtiment se trouve le toit à fumier.

L'aile droite n'est qu'une vaste porcherie; deux rangs de boxes.

séparés entre elles par des cloisons cimentées, longent les murs latéraux; les 32 loges qui forment l'ensemble sont d'une grandeur uniforme, un trottoir fait face à chaque rang.

Entre ces deux rangs de boxes et les deux trottoirs se trouve une fosse à fumier de 2 mètres de largeur, elle est entourée d'une rigole qui reçoit le purin d'arrosage.

Cette porcherie n'a pas de plancher sur tête.

L'habitation comprend une cuisine, des chambres, un dortoir, un office, un réfectoire et une cave.

L'étage supérieur sert de grainier.

Les soins du ménage sont confiés à une première cuisinière et à deux aides.

Tout cet ensemble est convenable et surtout tenu dans un état d'ordre et de propreté qu'on ne saurait trop signaler.

Un chemin de fer de plus de 1.500 mètres de développement relie les divers services: les wagons sont en fer, on s'en sert surtout pour distribuer les pulpes et les fourrages hachés.

Les fumiers sous toit et ceux réunis dans la porcherie sont uniformément traités d'après un procédé particulier.

Chaque jour, le fumier pailleux, enlevé de dessous les animaux, est stratifié dans les fosses: aussitôt que cette première opération est achevée, on amène du purin dans les rigoles latérales, puis on y jette une certaine quantité de chaux vive en poudre; ce lait de chaux plus ou moins épais est répandu sur le fumier au moyen de pelles-écopes.

Le but de M. de Valbreuse est de fixer l'ammoniac qui se dégage du fumier frais, et de donner à la terre, mêlée à l'engrais, un chaulage continu.

Obtient-on un effet réellement utile de cette manipulation journalière? Nous ne le pensons pas, car la chaux incomplètement délayée, forme souvent des grumaux très durs, difficilement assimilables pour les plantes; il est, du reste, facile de se convaincre, en pénétrant auprès d'un tas de fumier ainsi traité, que l'ammoniac continue à se dégager dans l'atmosphère, malgré la chaux qui doit le fixer.

L'outillage de M. de Valbreuse se compose des meilleurs instruments d'intérieur et d'extérieur de ferme; ils sont réunis sous un hangar qui longe le mur extérieur des cours.

La distillerie et ses nombreux engins accessoires est placée derrière les étables et à côté du réservoir à eau: établie d'après le système

Le Play, elle a été agencée de manière à pouvoir distiller des betteraves, des pommes de terre et des grains.

Cette combinaison était indispensable pour répondre au but que s'était proposé M. de Valbreuse en montant cette usine agricole.

Ce qu'il a voulu, il l'a obtenu: car il peut aujourd'hui, selon les conditions économiques du marché, convertir en alcool, des betteraves, des topinambours, des pommes de terre, du seigle, du maïs ou du blé noir, c'est-à-dire, tous les produits de sa propriété; avec les résidus il peut entretenir un nombre considérable de bestiaux, qui lui procure à son tour l'engrais dont il a besoin pour son exploitation.

La complexité de l'outillage de l'usine nous entraînerait dans des longueurs qui ne peuvent trouver place ici: nous dirons seulement que pour utiliser la force souvent disponible de sa machine à vapeur, et augmenter son effet utile, il a placé un arbre de couche qui met en mouvement, pour les besoins de l'exploitation, des hache-pailles, des coupe-racines, un concasseur, une paire de meule, un broyeur de tourteaux et une machine à battre le blé.

On le voit, cet ensemble de construction, qui n'a pas coûté moins de 87,437 francs, non compris l'usine, est aussi complet qu'on peut le désirer.

Les écuries et les étables sont occupées par des animaux de travail et de rente; puis, pendant la distillation seulement, par les bœufs d'engrais.

Au moment de la visite, les écuries contenaient 9 chevaux, juments et poulains d'élevage; la vacherie, 27 vaches et génisses; la bouverie, 16 bœufs de travail.

L'éducation des chevaux est une spéculation qui s'étend dans le canton de St-Trivier-sur-Moguans, M. de Valbreuse a voulu aider ce mouvement; ces animaux proviennent d'étalons demi-sang, leur conformation est bonne et suivie.

La vacherie est composée d'animaux de la race bressane; on y trouvait des laitières de mérite.

La bouverie se recrute un peu partout dans la Bresse, le Charollais: le choix en est bon.

La porcherie n'était occupée que par quelques animaux d'engrais, entretenus pour les besoins du ménage, de sorte que, momentanément, la porcherie n'est pas habitée.

De 1859 à 1866, M. de Valbreuse nous l'apprend lui-même, son exploitation s'est trouvée dans une période de transformation agricole, par conséquent de dépenses et de petits produits.

Lorsqu'il résolut de prendre en main les terres du domaine de Notre-Dame-des-Champs, les étangs occupaient 55 hectares 83 ares; les terres et les bois, 113 hectares 65 ares; les prairies, 12 hectares 38 ares.

Aujourd'hui, la Commission n'a plus eu à visiter que 80 hectares; 50 en prairies, et 30 en cultures; le reste a été remis en fermage.

On comprend les travaux considérables auxquels ont donné lieu 55 hectares d'étangs desséchés, nivelés, assainis; c'est au moyen de la pelle à cheval que les digues ont été transportées sur les bas-fonds; c'est aussi avec leur concours que les points ondulés ont été nivelés. M. de Valbreuse estime à 123,000 mètres cubes les terres remuées et transportées.

Ces travaux n'étaient cependant que le prélude de ceux jugés indispensables pour ramener ce sol, pendant si long-temps en étang, à une culture suivie: il a fallu opérer le drainage régulier de tous les points humides, ces drainages se sont étendus sur 26 hectares; puis donner des labours répétés et profonds, suivis de défoncement; enfin, pour fournir à cette couche si long-temps abandonnée, l'humus dont elle avait besoin, on a dû recourir à des fumures abondantes souvent renouvelées.

Les étangs, nous l'avons dit ailleurs, pour être mis en prairies naturelles, ont besoin de recevoir plusieurs cultures successives; M. de Valbreuse connaissait cette nécessité; il s'y est soumis.

Ses ensemencements ont été surtout composés de graines fourragères récoltées dans le pays même, auxquels il a mêlé une certaine quantité de légumineuses.

En général, ces semis faits au printemps, dans une avoine sur récolte sarclée, fortement fumée, ont très bien réussi.

Pour entretenir la fécondité de ces prairies, M. de Valbreuse a utilisé en arrosage les vinasses de la distillerie et des purins.

Ces prairies peuvent toutes s'irriguer en hiver et au printemps; dans ce but, on a creusé tout autour des prés, des fossés à ciel ouvert qui recueillent les eaux de pluie des terrains supérieurs; puis on les répartit aussi également que possible sur les prairies, au moyen de vannes fixes ou mobiles.

Au 8 juin, les fourrages étaient encore sur pied; les plus anciennes prairies remontaient à 4 ou 5 ans, et 8 hectares après betteraves avaient été semés en mai 1866; les premières promettaient une récolte de 3,500 à 4,500 kil. à l'hectare; les secondes uniformément levées, donnaient les meilleures espérances.

On le voit, la culture maîtresse de M. de Valbreuse se trouve dans ses prairies.

Les 30 hectares de terres sont inégalement divisés entre des céréales, des plantes fourragères et des racines; on comprend que, jusqu'à ce moment, M. de Valbreuse n'ait pu se soumettre à un assolement régulier de 4 ans, auquel il veut amener ses cultures.

La Commission a trouvé 8 hectares de betteraves semées, mais non encore levées; cette germination tardive ne peut manquer de préjudicier à la récolte; les 25 hectares de céréales, dont 2 en seigle et 23 en froment, présentaient beaucoup d'inégalité, mais la majeure partie était de bonne venue et semblait promettre de 18 à 20 hectolitres à l'hectare : le trèfle rouge, semé sur 6 hectares d'avoine, succédant aux plantes sarclées sur sol siliceux perméable, était long et fourni.

Bien que la vigne soit peu cultivée dans les environs de St-Triviers, M. de Valbreuse a utilisé un coteau d'un hectare 20 centiares, favorablement orienté pour planter des Gamays du Beaujolais.

Ce vignoble, arrivé à sa troisième année, est établi sur planches bombées de 3 mètres de largeur, portant chacune 3 lignes de ceps, espacés en long de 0 m. 60 c. à 0 m. 70 c.

Au moment de la visite on complétait l'échalassement en fil de fer, d'après le système Collignon : les cultures pourront, avec cet espacement, se donner à la charrue vigneronne.

Cette jeune vigne était assez bien garnie, mais elle n'avait point encore reçu d'ébourgeonnage et souffrait de l'oubli de cette façon.

Le personnel de l'exploitation de Notre-Dame-des-Champs a dû subir les exigences des travaux considérables entrepris et à peine achevés pour transformer le domaine : à partir de novembre 1866, il pourra être réduit à dix domestiques à gages, en s'assurant le concours de quelques tâcherons du voisinage.

On comprendra sans peine que, jusqu'à ce jour, la comptabilité de Notre-Dame-des-Champs a eu beaucoup plus de dépenses à enregistrer que de recettes; M. de Valbreuse a cependant présenté un compte de bénéfice, basé non point sur les produits, mais sur la plus-value donnée à la terre par sept années de travaux.

La Commission n'a pas cru devoir suivre le concurrent dans cette voie, parce que la plus-value ne peut être invoquée pour constater une situation prospère, qu'autant qu'elle s'appuie sur une culture sortie de la période de transformation, ayant pendant quelques années donné des résultats incontestables, ce qui n'a pu encore avoir lieu à Notre-Dame-des-Champs.

En face de cette situation qui permet de beaucoup espérer, mais qui a besoin encore de quelques années pour donner des résultats appréciables,

Le Jury ne pouvait accorder à M. de Valbreuse une récompense qui ne s'attache qu'aux faits accomplis, mais il a tenu à signaler les importants travaux entrepris sur le domaine de Notre-Dame-des-Champs, en lui décernant *une Médaille d'Or grand module*, pour l'emploi économique qu'il a su faire de la pelle à cheval dans les nivellements, et surtout pour le dessèchement et la conversion en prairies de 50 hectares d'étangs.

M. HARENT Charles.

M. Harent a présenté au concours trois domaines, dont il est propriétaire, qu'il a successivement réunis entre ses mains pour ne former qu'une seule exploitation agricole.

Ces trois domaines sont situés dans l'arrondissement de Gex : ils s'étendent sur la zône commerciale créée par les traités de 1815 en faveur de la Suisse.

Cette condition exceptionnelle est on ne peut plus favorable aux habitants de ce pays : ainsi neutralisés, ils peuvent, selon la nature de leurs produits, choisir leur marché et diriger, par exemple, les animaux de boucherie, les blés, les vins, les fourrages sur les marchés si avantageux de Genève : puis livrer à la mère-patrie les animaux de rente, les fromages, les laines, les bois, qui trouvent un écoulement plus facile et plus avantageux en France qu'en Suisse.

Ce sont, sans nul doute, ces considérations économiques qui ont amené M. Harent à étudier s'il ne lui conviendrait pas de se charger de l'exploitation directe de ces trois propriétés.

Les domaines de M. Harent sont séparés les uns des autres de trois à dix kilomètres : Pré-Bailly était une prairie de médiocre qualité ; La Pralay une ferme à sol peu profond dans le haut, tourbeux dans le bas, sans prairie de bonne qualité; Le Pailly un pâturage de montagne.

Fallait-il laisser ces propriétés dans l'état où elles se trouvaient lors de leur acquisition et continuer à percevoir avec peine un fermage représentant le deux ou le deux et demi pour cent de leur prix d'acquisition?

Convenait-il, au contraire, de leur confier des capitaux pour hâter leur amélioration et les rendre plus productives?

Devait-on former une seule exploitation des trois domaines ou valait-il mieux les cultiver séparément?

Serait-il possible enfin à M. Harent de prendre une direction aussi importante sans abandonner ses autres affaires, ses relations de famille, sans perdre sa place dans le milieu social où sa position de fortune le plaçait?

Aucune de ces objections n'avait échappé à M. Harent: il les avaient toutes résolues lorsqu'il prit en main l'exploitation que la Commission a été appelée à visiter.

Pour bien apprécier les travaux de ce concurrent, nous avons dû le suivre pas à pas dans les transformations qu'il a fait subir à ses trois domaines, où tout était à créer, où il n'a trouvé ni une habitation convenable pour lui, ni des constructions suffisantes pour un faire-valoir direct.

Domaine du Pré-Bailly.

Les premières préoccupations de M. Harent furent de se procurer une résidence convenable.

Pré-Bailly, situé à la porte de Gex, dans un vallon riant, semblait désigné à l'avance pour y installer la maison du propriétaire.

Aujourd'hui on trouve, au milieu de sept hectares de prairies, des jardins d'agrément, un potager, un fruitier et toutes les constructions qui forment les accessoires indispensables d'une confortable habitation.

Les prairies occupent le contre-bas de la ville de Gex, elles profitent d'une bonne partie des eaux grasses de ses égouts: ces eaux sont distribuées sur tous les points de ce domaine au moyen de gouttières en pierre de taille; ce rigolage dispendieux, qui n'a pas moins de 1,200 mètres de développement, a été jugé nécessaire pour tirer le meilleur parti possible des eaux et éviter la grande perméabilité du sol; toutes les rigoles sont tracées à pentes douces sur un fonds parfaitement nivelé.

Ce premier domaine, composé de sept hectares de prairies et de deux hectares de culture, est d'une exploitation facile; le jardinier de la maison dirige les irrigations et la récolte des fourrages.

La culture des terres qui se trouvent sur la partie où les irrigations ne peuvent arriver, s'opère par l'intermédiaire des domestiques et des animaux de La Pralay. Centre principal des travaux des trois domaines, au moment de la visite, on y voyait un froment semé en ligne sur cultures sarclées qui promettait de 18 à 20 hectolitres par hectare; les prairies ne semblaient pas devoir donner plus de 2,500 kil.

A Pré-Bailly on n'entretient pas de bétail, les écuries servent exclusivement à loger les chevaux de M. Harent: dans les prairies hautes sont installés deux béliers de race pure sortant de la bergerie de M. le comte de Bouillet, quelques brebis et les agneaux mâles conservés pour maintenir la race pure Southdown; dans chacun de ces enclos à claie se trouvent construites d'élégantes petites bergeries en bois où se retirent les animaux pendant les fortes chaleurs et les pluies.

Domaine de La Pralay.

La Pralay, domaine situé sur la commune de Chevry, à quatre kilomètres de Gex, est la seule propriété à culture de M. Harent; lorsqu'en 1855 il devint acquéreur de cette ferme de 22 hectares, la partie basse se couvrait de joncs et de roseaux, la partie élevée produisait seule des céréales et des fourrages de médiocre qualité.

Ce domaine, d'un seul tènement, présentait des éléments de productions qui encouragèrent M. Harent à l'acquérir et successivement à se charger de son exploitation.

Tout était à faire : il fallait drainer à peu près toutes les terres; réunir les eaux pour les utiliser; défoncer les sols argileux pour les rendre pénétrables à l'air: fortifier les terrains tourbeux, leur donner à tous d'abondantes fumures, des amendements calcaires; il fallait enfin construire des granges, des écuries et une habitation.

En moins de dix ans, La Pralay a été entièrement transformée, et au lieu de retrouver une terre abandonnée, soumise à la jachère, le Jury a visité un domaine en bon état, où tend à se développer la culture intensive.

Les drainages qui ont dû précéder toute espèce d'améliorations foncières, ont été difficiles et dispendieux par suite du peu de consistance du sous-sol dans les parties marécageuses ; ils ont coûté 420 fr. par hectare sur 19 et un peu moins sur les autres.

Le sol manquant de calcaire, M. Harent a profité d'une carrière de marne trouvée sur la propriété pour en répandre une couche suffisante sur tout le domaine ; les effets de cette excellente opération n'ont pas tardé à se faire sentir ; ils seront de longue durée.

C'est en suivant ces travaux qu'on est parvenu à isoler une source considérable donnant de 25 à 30 litres d'une excellente eau par seconde.

Le propriétaire de La Pralay a compris tout le parti qu'il pouvait tirer de la position élevée de cette source; aussi, après l'avoir recueillie dans un vaste réservoir, il l'utilise pour mettre en mouvement une roue à auget de sept mètres de diamètre, produisant une force de 480 kil.

Aujourd'hui cette roue, environnée de constructions, met en mouvement une batteuse, un hache-paille, un aplatisseur, un nettoyeur de betteraves, un coupe-racines ; enfin, quand aucun de ces instruments ne marche pour les besoins de l'exploitation, une scie circulaire utilise cette force pour débiter les bois provenant d'une forêt dont nous parlerons plus tard.

La Pralay, nous l'avons dit, n'avait pas de constructions suffisantes, M. Harent les a complétées.

Sous forme de chalet, s'installent autour d'une cour pavée, des bâtiments, partie en grosse maçonnerie, partie en bois, recouverts de tuiles à crochets.

On y trouve, outre le logement des domestiques, une remise à instruments où est réunie une collection de choix des meilleures machines agricoles sorties de la fabrique de Nancy.

L'écurie, pour trois chevaux, est peut-être un peu basse et trop étroite.

La bergerie reçoit 3 à 400 moutons à leur descente de la montagne; elle se subdivise en trois compartiments destinés aux mères, aux agneaux et aux antenais ; elle est d'une installation remarquable qui mérite d'être signalée.

Toutes ces bergeries sont pourvues de corridors de service qui permettent de circuler sur tous les côtés.

Les râteliers des agneaux sont droits, un axe médiant-mobile en facilite le nettoiement ; ceux des antenais et des mères sont pleins, avec trous ovales de 0,33 centimètres pour le passage de la tête.

Toutes les crèches sont en pierres dures.

Les corridors de service aboutissent aux magasins à foin et aux silos à fermentation où se préparent la nourriture d'hiver de tous ces moutons.

Ces silos ont une forme uniforme : le sol en est pavé, leur profondeur de 7 mètres 50, leur largeur de 3 mètres 50, la hauteur de 3 mètres.

C'est dans ces silos qu'on entasse, au moment de la récolte, les betteraves hachées, en les mélangeant avec de la menue paille, des balles de froment ou de la paille hachée.

Lorsqu'un silo est rempli, on le recouvre d'une forte couche de sciure de bois mouillée qu'on entasse avec soin.

La fermentation ne tarde pas à s'établir, et un mois après on peut consommer ce mélange : chez M. Harent on donne exclusivement cette nourriture aux bêtes à laine, et on s'en trouve bien.

Devant chaque bergerie se trouve une cour fermée et pavée ; un abreuvoir porté sur un axe mobile reçoit une provision d'eau, renouvelée à volonté.

Une pompe de puits placée tout auprès des habitations alimente ces ces abreuvoirs et fournit l'eau nécessaire au ménage.

·La fosse à fumier, établie en avant de la cour, repose sur un réservoir à purin : il reçoit les eaux de pluie, celle des cours, et verse le trop plein sur les prairies ; un pré d'un hectare 20, qui les reçoit, présentait un bon gazonnement et une herbe longue et serrée ; une seconde prairie d'un hectare 30, moins bien partagée sous le rapport de l'arrosage, n'était pas d'un aspect aussi satisfaisant.

Les terres de La Pralay sont desservies par un chemin d'exploitation créé et entretenu par M. Harent : les diverses soles qui forment l'ensemble de l'assolement alterne, adopté sur ce domaine, aboutissent toutes sur ce chemin ; les transports et les cultures sont ainsi très faciles à exécuter.

M. Harent n'a pas adopté une rotation régulière : il fait surtout des cultures fourragères pour l'entretien de son troupeau, pendant les huit mois qu'il passe à La Pralay, en stabulation permanente.

Au moment de la visite, le Jury a trouvé le sol garni de 5 hectares 10 ares de betteraves, de 60 ares de carottes et 2 hectares de pommes de terre : toutes ces plantes, semées en lignes, avaient reçu un premier sarclage, sauf les carottes, qui réclamaient un binage : les fourrages verts, seigle, vesce et gesse, occupaient 3 hectares ; enfin, on voyait 2 hectares 90 ares de froment semé en ligne et un hectare d'avoine.

Toutes ces plantes étaient de bonne venue; le froment ne laissait rien à désirer sous le rapport de la propreté du sol, de l'uniformité de sa garniture et la beauté des épis.

Bien que M. Harent habite Pré-Bailly, le centre de l'exploitation des trois domaines est à La Pralay; c'est là que résident habituellement les hommes et les animaux qui concourent à la culture de l'ensemble de l'exploitation.

La concentration du personnel à La Pralay, où M. Harent n'a qu'un salon d'agrément, aurait pu avoir de graves inconvénients pour la surveillance du ménage, s'il n'avait trouvé dans une combinaison nouvelle le moyen de s'affranchir de ce soin.

Ce sont des ménagères, ordinairement la femme d'un des domestiques ou du maître-valet, qui se chargent de nourrir les domestiques et les ouvriers des divers domaines: elles reçoivent pour cela une indemnité de 1 fr. par jour.

Avec ce système, M. Harent n'a plus qu'à constater le nombre de journées de nourriture dont la cantinière doit être créditée.

La seconde simplification apportée à l'assolement a été de réduire le plus possible les terrains en culture, de manière à n'avoir que peu d'animaux de travail.

On comptait, au moment de la visite, trois chevaux de traits de race suisse, et deux gros bœufs qu'on conserve de mai à novembre; La Pralay est environnée de voisins qui peuvent, en cas d'urgence, fortifier les attelages habituels de l'exploitation.

Ces chevaux reçoivent en été une nourriture composée de 15 kil. de fourrages secs, 5 kil. d'avoine écrasée; en hiver on leur donne 10 kil. de foin, 10 kil. de carottes et 3 kil. d'avoine écrasée.

Les moutons sont les seuls animaux de rente entretenus par M. Harent pour consommer ses fourrages et produire l'engrais dont il a besoin.

Il a préféré leur entretien à celui des vaches à lait, généralement adoptées dans le système de culture du pays de Gex, parce que son troupeau utilise simultanément les pâturages qu'il possède sur les points les plus élevés du Jura, les fourrages-racines du Pailly, et que l'engrais des bêtes à laine convient très bien aux terrains froids de cette dernière propriété.

Le troupeau se compose ordinairement de 250 mères et de 150 moutons d'un an à six mois.

Le croisement Southdown-Savoisien, adopté par M. Harent, a donné jusqu'à ce jour d'excellents résultats : les mâles de race pure sont généralement tirés de la bergerie de M. le comte Bouillet, les femelles sont achetées dans les marchés de la Haute-Savoie.

Ces animaux séjournent du 15 mai au 15 octobre à la montagne ; pendant le reste de l'année ils sont nourris à La Pralay avec une nourriture fermentée et des fourrages secs.

Leur poids varie entre 35 et 55 kil. ; ils reçoivent à l'étable 5 kil. de betteraves ou pommes de terres, 200 grammes de graines écrasées, sarrasin, avoine ou pois gris, et 25 grammes de sel par semaine. On évalue cette nourriture à 0,09 cent. par jour, soit à 18 fr. pour les huit mois.

Le produit moyen en laine est de 2 kil. 500 grammes, vendu 2 fr. le kil. Le produit en fumier serait de 1,000 kil. par mois pour 10 têtes d'adultes ; ce fumier est sorti tous les quinze jours.

C'est en janvier et février qu'à lieu l'agnelage ; les mâles sont châtrés à six semaines, de sorte qu'ils sont déjà assez forts, au 15 mai, pour accompagner sans inconvénient leurs mères à la montagne.

La Commission a trouvé ces animaux en parfait état de santé, le piétain est la seule maladie qui les ait atteints ; les pertes ne s'élèvent pas annuellement au-dessus du un pour cent.

Ce troupeau est soigné par un berger et un fort aide ; le premier reçoit 300 fr., le second 230 fr., l'un et l'autre sont nourris.

Le Jury n'hésite pas à constater que M. Harent a été bien inspiré en choisissant les types de son croisement ; en substituant une race précoce à laine abondante à une race privée de ces qualités, il arrivera à former de bons animaux de boucherie d'un écoulement facile et avantageux sur Genève.

Déjà les premier et deuxième croisements sont recherchés par la boucherie ; ils sont enlevés de quinze mois à deux ans au prix de 30 à 35 fr., correspondant à 1 fr. 40 c. le kil. ; les mères réformées se vendent un peu moins.

Les résultats financiers de La Pralay se décomposent comme suit ; ils sont soigneusement consignés dans la comptabilité tenue par M. Harent lui-même :

Prix d'acquisition	30.000	»
Construction de bâtiments ruraux	25.000	»
A reporter	55.000	»

		Report......	55.000 »
Améliorations foncières, drainage...	11.000 »	18.500 »	
Chaulage et marnage	3.500 »		
Routes agricoles	1.200 »		
Fontaine, nivellement, défrichements.	2.800 »		
Mobilier agricole			2.750 »
Mobilier vivant...............................			8.900 »
		Total	85.150 »
Usine...			15.000 »
		Total général.............	100.150 »

Domaine du Pailly.

En 1845, M. Harent est devenu propriétaire de 300 hectares de montagne; cette vaste surface, située sur le Jura, à une élévation de plus de 800 mètres au-dessus de l'Océan, comprenait 65 hectares de taillis et de futaie de hêtres, 180 hectares de pâturages boisés et 55 hectares de pâturages servant à la nourriture des vaches pendant la belle saison.

Cette dernière partie est la seule présentée au concours: elle est peu éloignée de la route impériale de Genève à Paris et à 10 kilomètres de Gex.

Lorsque M. Harent devint propriétaire de cette montagne, le chalet était loué 1,200 fr., le locataire y entretenait des vaches dont il convertissait le lait en fromage, façon gruyère.

Le Pailly (c'est le nom donné à ce chalet) se trouve placé sur la déclivité de la montagne, une partie des bois qui en dépendent sont au-dessous, le pâturage à mouton au-dessus, de sorte que le Pailly, qui occupe une position intermédiaire, est dominé par la croupe du Jura qui le préserve des coups de vent et verse sur les pâturages inférieurs, en temps de pluie, des eaux terreuses chargées de calcaire.

Du Pailly, la vue s'étend au loin sur l'admirable panorama que forment, du côté de la Haute-Savoie, les pentes cultivées qui viennent mourir sur les bords du Rhône; de l'autre, le lac, et derrière le canton de Genève, le Chablais, le Faucigny; enfin, dans le lointain, les Voirons et les nombreuses aiguilles qui font cortége au géant des Alpes.

Peut-être faut-il attribuer à l'imposant spectacle dont on jouit au Pailly, à l'ombre de ces bouquets de sapin, d'un effet si pitoresque, la résolution que prit M. Harent d'améliorer ces pâturages.

On serait d'autant mieux disposé à le croire, qu'aujourd'hui un chalet d'agrément offre un confortable abri au propriétaire qui a pris à tâche d'améliorer ces pâturages abandonnés depuis longtemps.

M. Harent, nous l'avons dit, avait trouvé les 55 hectares qui nous occupent en pâturages consommés sur place par un troupeau de vaches: un vaste hangar servait alors à retirer les animaux en temps de pluie, abritait les bergers et s'utilisait pour la fabrication des fromages.

En surveillant sa nouvelle acquisition, M. Harent avait cru remarquer qu'il serait possible d'entretenir la fécondité de ce sol, à base calcaire, par les seules alluvions pluviales, qu'on obtiendrait ainsi une pousse d'été à faucher, à condition toutefois de ne pas toucher à la végétation automnale.

Après quelques expériences partielles couronnées de succès, M. Harent résolut d'entreprendre la transformation en grand de ces pâturages en prairies à faucher; il espérait se procurer ainsi une abondante récolte de foin dont il trouverait un parti avantageux pour alimenter le domaine de La Pralay et un écoulement facile sur Genève.

Pour arriver à ces résultats, il fallait drainer les bas-fonds, niveler, terreauter et semer les parties endommagées par le séjour des bestiaux et leur piétinement en temps de pluie: on devait arracher de nombreux bouquets de bois, de ronces et d'épines: épierrer le sol, créer des routes à chariot pour faciliter le transport des bois, des matériaux nécessaires à la construction de magasins à foin, d'habitation et plus tard le transport des fourrages sur tous les points de la prairie.

Aucune des conséquences de son entreprise n'a échappé à M. Harent, et avant de mettre la main à l'œuvre, son budget était arrêté, ses plans de route et de constructions dressés.

La Commission a été appelée à voir une œuvre achevée, qui n'a pas coûté moins de douze ans de travail: aujourd'hui, un chemin carrossable part de la route impériale, en suivant une pente douce; il passe auprès des habitations et dessert simultanément les trois fenils, les deux bergeries et l'habitation: son parcours est de 8 kilomètres, sa largeur de 3 mètres, sa pente presque insensible.

Les fenils sont uniformément construits en bois, reposant sur un socle en maçonnerie d'un mètre de hauteur sur 0,60 centimètres d'épaisseur; des planches recouvertes de tavillons les préservent de toute part des atteintes de la neige et de la pluie, ils peuvent loger dans leur cube réunis 100,000 kil. de foin.

Au centre de la propriété, sur un mamelon, se trouvait anciennement établi le chalet à vaches : il a été converti en une maison comprenant, au rez-terre, une bergerie où 100 moutons trouvent un abri commode pendant le mauvais temps, une écurie pour les chevaux, deux dortoirs pouvant loger 30 personnes des deux sexes, un chambre pour le maître-valet, une cave: au-dessus se trouve un fenil à foin où on engrange 50,000 kil. de fourrage: les chars y entrent de plain-pied.

C'est à la suite de ces maisons, qui lui servent d'abri, que s'élève le chalet d'agrément du propriétaire, charmante habitation du meilleur goût.

Enfin, derrière cet ensemble, se trouve la maisonnette de la cantinière, qui là, comme à La Pralay, est seule chargée des soins et de l'entretien du ménage.

Le Pailly manquait d'eau jaillissante, M. Harent a été assez heureux pour trouver une petite source qu'il a recueillie avec soin et conduite à la porte des habitations.

Ces efforts persévérants, ces avances ont été couronnés d'un succès inespéré ; au moment de la visite, le Jury a pu voir dans ces vastes prairies, d'une superficie réunie de 55 hectares, un gazonnement bien fourni, une herbe déjà longue, qui promettait une abondante récolte de foin.

Ces prairies se fauchent du 20 juin au 20 août, selon que la saison est plus ou moins chaude ou pluvieuse : on emploie à ce travail des ouvriers des environs de Gex, qui restent au Pailly pendant toute la durée des fenaisons ; on paye la journée des hommes 2 fr. 50 c. ; celle des femmes 1 fr. 50 c. ; on ne les nourrit pas, mais on leur donne journellement trois bouillons de soupe, que M. Harent paye à la cantinière à raison de 10 cent. la ration.

Les foins récoltés sont en partie engrangés sur place, en partie conduits à La Pralay ou même au marché de Genève, où ils sont vendus au prix moyen de 7 fr. les 100 kilos.

C'est surtout au printemps que s'exécutent les travaux d'entretien du Pailly ; ils consistent dans le renouvellement et le nettoiement des rigoles, la conduite des eaux en temps de pluie et le nivellement des taupinières.

En étudiant les chiffres économiques fournis par M. Harent, on trouve que les pâturages et les bois du Pailly, d'une contenance de 120 hectares, ont coûté.......................... Fr. 60,000

Report...... 60,000

On en distrait la valeur d'une coupe de bois, vendue à l'usine de La Pralay et déja en majeure partie débitée. 20,000

Il reste pour prix d'acquisition des prairies........ Fr. 40,000

Les dépenses occasionnées par la transformation de ces pâturages en prairie se décomposent comme suit :

Bâtiments.................... Fr.	14,000	
Routes	6,800	26,000
Défrichements................	5,200	

Total général du prix d'acquisition et des dépenses en améliorations.................................. Fr. 66,000

Le rendement annuel des récoltes est consigné avec une grande exactitude de 1853 à ce jour.

Pendant cette période de 13 ans, le maximum des produits s'est élevé à 1,250 quintaux métriques en 1856; il s'est abaissé à 550 quintaux en 1865; la moyenne sur les 13 ans est de 950 quintaux métriques.

Ce grand écart dans les rendements est dû, d'après M. Harent, aux variations de la température en mai et juin; si ces deux mois sont chauds, la récolte est belle; si, au contraire, le vent du nord règne, la récolte est médiocre.

Voici maintenant les résultats financiers obtenus des prairies du Pailly.

Le prix moyen du foin étant de 7 fr. les 100 kilos, le rendement de 94,900 kilos, on obtient un total de............... Fr. 6,643

Il vient à prélever :

Les frais de culture et récolte arrivant à 1 franc 50 c. les 100 kilos.................. Fr.	1,424	
Ceux de transport..............	924	2,548
Impôts et frais de gardiature.....	200	

Il reste pour le service des capitaux engagés dans l'exploitation, représentant intérêt du 6 p. %......... Fr. 4,095

Ces résultats sont remarquables sans doute, surtout en les comparant au revenu primitif de 1,200 fr., réduit à 1,000 fr. après le prélèvement des impôts du sol et de la gardiature; les 40,000 francs consacrés à cette acquisition ne rendaient ainsi que le 2 1/2 p. %.

Comme on le voit par l'extrait du compte du Pailly, les frais généraux annuellement mis à sa charge se réduisent aux dépenses occasionnées par le rigolage, la récolte et le transport des fourrages.

Cet état de choses durera-t-il toujours? Ces prairies qui ne sont arrosées qu'en temps de pluie, qui ne reçoivent pour toute fumure que les détritus formés par les herbes d'automne abandonnées sur place, conserveront-elles leur fécondité ?

Nous ne le pensons pas : toutes les fois que les irrigations ne sont pas continues, chargées de principes fertilisants, il faut soutenir la puissance végétative de la terre, entretenir, activer sa fécondité, en lui rendant sous la forme d'engrais au moins, une partie des récoltes qu'on lui prend.

Jusqu'à ce jour ces prairies ont vécu de la réserve en humus accumulés par les déjections annuelles des animaux qui venaient vivre pendant 4 ou 5 mois sur ces pâturages ; cette réserve épuisée, il faudra nécessairement la renouveler.

En étudiant la tenue de livres simple et claire de M. Harent, on est frappé de l'omission de quelques comptes qui nous semblent indispensables pour se rendre bien compte des résultats des cultures et avoir le véritable produit net.

Reconnaissons de suite que le compte des divers capitaux engagés dans l'exploitation est parfaitement établi : il n'en est pas de même des comptes de spécialités.

On sait que chacun des capitaux consacrés à l'agriculture courent des risques plus ou moins grands, s'usent au bout d'une période de temps plus ou moins prolongée.

Pour faire face au renouvellement total ou partiel de ces capitaux, on est dans l'habitude d'augmenter les intérêts qu'on leur demande, et si par suite de cette prévoyance le bénéfice *net* est diminué, on est assuré d'avoir en réserve de quoi renouveler partiellement un troupeau, reconstruire un toit, refaire un marnage, un chaulage épuisé, acheter des instruments mis hors de service, etc., etc.

Ce compte constitue le capital de réserve ; l'omission de cette réserve dans la comptabilité de M. Harent doit être signalée à son attention : dans son exploitation plus qu'ailleurs, il mérite d'être constitué avec beaucoup de soin, car chez lui les avances qui s'usent s'élèvent à un chiffre considérable.

Cette première observation en fait naître une seconde.

M. Harent, nous l'avons dit, est seul chargé de l'importante direction de ses domaines, qu'il fait exploiter sous sa main: s'il cessait son utile surveillance, qui occupe tous ses instants, il devrait avoir un agent salarié, un régisseur qu'il logerait, nourrirait et payerait.

Ne semblerait-il pas juste que ses divers domaines fussent débités pour cette direction d'une somme quelconque, ou tout au moins du compte ménage.

Pour M. Harent la position ne serait pas changée, mais il nous semble qu'il obtiendrait ainsi un compte plus exact du service que lui rendent ses capitaux.

Quoi qu'il en soit de ces observations, la Commission se plaît à reconnaître que M. Harent a été bien inspiré en prenant la direction de ses domaines.

Sous sa main, d'importantes exploitations agricoles à petits revenus sont devenues de riches placements.

En confiant avec prudence des capitaux à la terre, M. Harent a affirmé une fois de plus l'heureuse influence des améliorations agricoles.

Sous sa puissante initiative, de mauvaises prairies, d'improductifs pâturages, ont été amenés à donner de bonnes récoltes: des surfaces considérables ont été drainées, marnées, défoncées et fumées: de nombreuses constructions se sont élevées, des chemins tracés et rendus viables, une usine a été construite.

Les résultats que nous avons signalés dans le cours de ce rapport sont considérables ; ils le seraient bien davantage si on tenait compte de la plus-value donnée à la terre, de ce qu'on en obtiendrait en évaluant aujourd'hui ces trois domaines. Les travaux de M. Harent sont donc satisfaisants à tous égards.

Malheureusement pour ce concurrent, sa ferme en plaine est d'une faible étendue ne comportant que 22 hectares, et son exploitation du Pailly est toute spéciale au pays de Gex. Dans une région uniformément montagneuse, il eût été sans nul doute l'exemple choisi, car il aurait offert toutes les conditions d'une culture bien ordonnée, progressive dans sa marche, productive dans ses résultats.

Cette singularité de position, subie et non volontaire, réduisait M. Harent à ne concourir que pour les spécialités.

En conséquence, le Jury a décerné à M. Charles Harent, propriétaire-agriculteur à Gex, *une médaille d'or grand module*, qui est la plus haute récompense qu'il lui soit possible de lui accorder : il la lui décerne pour l'heureuse distribution de sa bergerie, pour le troupeau qu'il y entretient, ainsi que pour la transformation de ses pâturages alpestres en prairies à faucher.

M. CHAMBAUD.

Nous venons de signaler à votre attention des agriculteurs d'un grand savoir et d'un mérite incontestable: les travaux entrepris et menés à bonne fin par MM. Mechet, de Valbreuse, Cotton et Harent, dans les arrondissements de Bourg, de Trévoux et de Gex, sont certainement remarquables; aussi, pour encourager et récompenser leurs efforts, votre Commission a épuisé en leur faveur toutes les récompenses dont elle disposait.

Il nous reste à vous faire connaître l'exploitation de M. Chambaud, à qui le Jury a décerné la prime d'honneur régionale du département de l'Ain.

Le domaine du Saix, présenté au concours par M. Chambaud, est situé sur la commune de Peronnas.

Peronnas est le premier village que l'on rencontre sur la route de Bourg à Lyon, et bien que son territoire touche à celui du chef-lieu du département de l'Ain, on y trouve déjà les étangs temporaires avec l'insalubrité qu'ils engendrent.

M. Chambaud, que votre Commission est allée visiter au Saix, quoique dans la force de l'âge, est un doyen de l'agriculture bressane: fermier dès 1840, son nom figure parmi les concurrents à la prime d'honneur de 1859 qui ont reçu des médailles d'or de spécialités.

Il est à regretter que M. le baron Thénard, rapporteur de ce premier Jury, ne soit pas entré dans quelques développements sur les travaux entrepris et exécutés par les agriculteurs qui approchaient le plus de M. de Westerweller, lauréat du concours; la Commission de 1867 y aurait trouvé des renseignements précieux, des points de repaire qui lui font défaut pour juger le mérite des efforts tentés, les améliorations réalisées, les succès obtenus.

Privé de ce document, que nous aurions été heureux de trouver dans le travail si remarquable de M. le baron Thénard, nous sommes dans la nécessité, pour légitimer la décision du Jury, de pousser nos investigations jusqu'à l'époque déjà bien éloignée où M. Chambaud est venu s'établir au Saix avec son père.

M. CHAMBAUD père.

Le domaine du Saix a de tout temps été la propriété de la famille De Loras, qui y avait une habitation seigneuriale depuis longtemps convertie en maison de ferme.

En 1840, il comprenait encore une surface de 366 hectares, divisé en trois corps de ferme, avec bois réservés.

A cette date, M. Chambaud le père, qui jusqu'à ce moment avait dirigé une meunerie lui appartenant dans le voisinage, devint fermier du principal domaine du Saix. Son bail, consenti pour une durée de 10 ans, lui donnait la jouissance d'une partie du château, des cours, écurie, remise et fenils construits tout auprès, et d'une briqueterie.

La ferme comprenait	19 hect.	44	ares	de prairies naturelles.
Id.	12 »	81	»	de terres arables.
Id.	1 »	99	»	de pâturages.
Id.	2 »	98	»	de taillis.
Id.	91 »		»	d'étangs.
Id.	1 »	10	»	de bâtiments.
Formant un total de.	129 hect.	32	ares.	

Ce domaine, situé à 5 kilomètres de Bourg, était déjà, comme on le voit, dans les Dombes à étangs.

La couche arable de cette partie si intéressante du département de l'Ain est siliceo-argileuse, à sous-sol imperméable; l'inclinaison, à peine sensible, prend sa direction du nord-ouest au sud-ouest; l'état hygrométrique de l'air est toujours très élevé; il est maintenu à cet état par les grands bois et les nombreux étangs qui couvrent le voisinage et alternent avec les cultures.

Bien que la route vicinale, qui alors conduisait à Bourg, fût construite en plaine, son entretien laissait beaucoup à désirer; les chemins dépendant de l'exploitation n'étaient pas abordables.

Au moment où M. Chambaud père prit la ferme du Saix, les céréales formaient avec le poisson des étangs le revenu du domaine.

L'assolement triennal, avec jachère morte faisant succéder l'avoine au froment, était alors en usage; on cultivait pour les besoins du ménage des surfaces très restreintes de pommes de terre, de choux et de maïs.

Enfin, on prenait une récolte d'avoine tous les 2 ou 3 ans sur les étangs conduits en *assec*.

Quelques porcs, des bœufs de travail, de petites vaches élevées dans le pays, étaient les seuls animaux qu'il fût possible d'entretenir; ils passaient une partie de l'année dans les pâturages et les étangs; la paille formait leur nourriture d'hiver.

Le prix du bail était en rapport avec l'état du domaine; il se composait de 5,000 fr. payables en argent, et de 400 fr. de redevance en nature; la location de l'hectare s'élevait donc à 41 fr.

En prenant la direction de ce domaine, M. Chambaud père avait projeté des améliorations qui ne pouvaient manquer de lui donner des bénéfices; il voulait dessécher les bas-fonds, chauler les diverses pièces du domaine, améliorer les prés, etc., etc.

Il prit possession de la ferme avec un bétail composé de 6 bœufs, 6 vaches, 6 élèves et 2 taureaux qu'il a conservé et même augmenté pendant le peu de temps qu'il a passé au Saix.

Pour réaliser ces améliorations, M. Chambaud père avait besoin d'être encouragé, de s'attacher au pays, de prendre la résolution de s'y fixer pour de longues années, de voir en perspective le moyen d'élever, de mettre dans l'aisance sa jeune famille.

Rien de tout cela n'arriva; sous l'influence d'une mauvaise nourriture, souvent insuffisante, le bétail ne donnait aucun profit, le blé suffisait à peine aux besoins du ménage, le poisson n'avait pas un prix élevé, et la fièvre des marais sévit sur son personnel; enfin, les ressources que lui procurait son travail étaient insuffisantes pour payer le fermage.

Découragé par cette suite de mécomptes, M. Chambaud père résolut de céder au plus tôt un bail qui ne lui avait procuré que des pertes et des embarras.

Pendant cette période de 6 ans, quelques essais partiels de chaulages et de drainages avaient été entrepris; les résultats obtenus avaient fait entrevoir les ressources que présenterait le Saix si on les appliquait en grand.

Ce furent ces considérations qui déterminèrent M. Chambaud fils, qui était constamment resté avec son père, et qui depuis peu venait de se marier, à se charger de continuer le bail; M. de Loras se prêta à cet arrangement en le prorogeant jusqu'au 11 novembre 1856, sans en changer les conditions.

M. CHAMBAUD fils prend la ferme du Saix.

Le 11 novembre 1846, M. Chambaud fils devint fermier du domaine du Saix.

En prenant la direction de cette ferme, il dut avant tout se préoccuper des moyens de réaliser les améliorations qui pouvaient seules rendre cette entreprise fructueuse. Il lui aurait fallu beaucoup d'argent pour exécuter les travaux jugés nécessaires, et il en avait peu.

Ses ressources à son entrée en ferme se composaient de 3,500 francs que lui laissait son père en mobilier mort et vivant; de 2,500 francs de cheptel donné par M. de Loras; de 3,000 francs retirés sur les avoirs de sa femme; en tout 9,000 francs, soit 65 à 70 francs par hectare de terre.

Il fallait, avec ces faibles ressources, pourvoir à tout, garnir les étables, améliorer les prés, dessécher les étangs, et faire marcher une tuilerie qui prenait tous les jours plus d'importance.

Tout faire à la fois était impossible; il devenait nécessaire de choisir dans les éléments de production qui se trouvaient sous sa main celui qui procurerait le plus vite les capitaux dont M. Chambaud avait besoin pour hâter les améliorations qu'il s'agissait de réaliser.

D'un côté, se présentait la tuilerie, susceptible de transformer et d'augmenter rapidement les avances qu'on lui ferait; de l'autre, le domaine, qui réclamait beaucoup plus de temps et d'argent pour atteindre un résultat plus assuré sans doute, mais moins rémunérateur; en portant le peu de capitaux disponibles sur la terre, on condamnait l'industrie à végéter comme par le passé; en les portant sur la partie industrielle de l'exploitation, on pourrait maintenir le domaine dans l'état où il se trouvait et préparer des ressources suffisantes pour l'améliorer.

Comme nous le verrons, M. Chambaud fut bien inspiré en consacrant ses premières ressources à étendre sa tuilerie, à perfectionner ses produits; on peut même dire que ce fut le point de départ de sa fortune et de ses succès agricoles.

Pour tirer un parti avantageux de la tuilerie, il fallait simultanément multiplier la nature de ses produits, se procurer le combustible et les matières premières au meilleur marché possible, puis leur ouvrir de nouveaux débouchés.

La terre à brique est partout d'excellente qualité au Saix; les bois-taillis du domaine, qui avaient servi jusqu'alors à l'alimentation des fours, étaient épuisés; il fallait s'en procurer ailleurs.

Ce fut dans ces conditions que M. Chambaud devint adjudicataire d'un éclairci mis aux enchères dans un bois de l'Etat, situé tout auprès de la tuilerie.

Cette opération, faite à un prix convenable, eut le double avantage de fournir pour longtemps le combustible nécessaire à l'alimentation de l'usine et de le procurer à d'avantageuses conditions; par ce moyen, M. Chambaud parvint à constituer un capital d'exploitation suffisant pour exécuter ses projets; il évalue les bénéfices réalisés ainsi pendant les six premières années de son fermage à 3,500 francs par an, soit en tout à 21,000

A ce chiffre vient se joindre une récolte extraordinaire d'avoine, obtenue dès son entrée en ferme sur un étang de 35 hectares, qui lui a permis de disposer de........... 6,000

Enfin, on porte le capital, évalué à son entrée selon le détail ci-avant.. 9,000

Après 6 ans de bail, M. Chambaud se trouvait avoir constitué un capital d'exploitation de 36,000 francs, sans avoir eu recours à l'emprunt 36,000

Cette somme s'est constituée progressivement, et dès la fin de la première année les ressources mises à la disposition du nouveau fermier du Saix s'étaient augmentées de 9,500 francs, qui furent immédiatement employés à changer les animaux de travail et de rente, et à les mieux nourrir.

C'est pour atteindre au plus tôt ce dernier résultat qu'un pré de 2 hectares 1/2, situé sur la commune de Montagnat, fut loué au prix de 400 francs par an.

Pour augmenter le produit des vieilles prairies du domaine sans les renouveler, il fallait les arroser et les amender; c'est ce que fit M. Chambaud; pour les irriguer, il recueillit dans un fossé de 800 mètres de développement sur 1 mètre de profondeur toutes les eaux pluviales des terrains supérieurs, qu'il répandit par des rigoles à niveau sur ses prés.

En même temps il faisait extraire la terre à brique sur les points les plus accidentés des prairies; il les ramenait ainsi presque sans frais à un niveau qui leur permettait de prendre leur part des eaux disponibles.

Enfin, tous les engrais liquides et solides dont il était possible de disposer, se plaçaient sur les prés.

Ces premiers travaux furent couronnés de succès et la provision de fourrage considérablement augmentée.

Dès la deuxième année, le fermier du Saix put commencer quelques travaux d'amélioration sur les terres en culture; il avait pour les exécuter de forts attelages de bœufs, convenablement nourris.

La meilleure charrue alors fabriquée dans la Bresse était la vouivre, munie de deux oreilles en fer; elle avait remplacé avantageusement l'ancienne charrue du pays, sorte de coin, déchirant la terre au lieu de la renverser après l'avoir coupée.

Nulle terre plus que celle des Dombes n'a besoin d'être profondément remuée, d'être plus soigneusement défoncée; la vouivre remplissait d'une manière très imparfaite ce but; elle fut à son tour remplacée par l'araire Dombasle, et dès lors les labours pratiqués avec soin et souvent répétés n'eurent jamais moins de 22 à 25 centimètres de profondeur.

Le chaulage, essayé sur une petite échelle par M. Chambaud père, fut pratiqué par le fils sur toute l'étendue du domaine, d'abord avec de la chaux achetée, puis avec de la chaux fabriquée par des voisins du domaine, à qui M. Chambaud fournissait le bois pour la cuisson; il recevait en échange la moitié de la chaux de chaque four.

Ces chaulages, donnés à raison de 75 hectolitres à l'hectare, avaient une durée de 7 à 8 ans; il fallait ensuite les renouveler.

A mesure que les provisions de fumier s'augmentaient et que le chaulage s'étendait sur toutes les pièces du domaine, le système de culture subissait une transformation complète; car là où il n'était possible de récolter que du blé, on put cultiver des prairies artificielles, faire entrer le trèfle dans l'assolement, planter une plus grande étendue de pommes de terre, des carottes, des fourrages verts.

La betterave se refusa longtemps à donner des récoltes même moyennes; on dût y renoncer jusqu'au moment où la couche arable, souvent remuée et convenablement défoncée, se fût assimilée une forte dose d'engrais.

Pour convertir en fumier la paille d'avoine récoltée sur les étangs en *assec*, il aurait fallu à M. Chambaud un nombre de têtes de bétail beaucoup plus considérable que sa provision de fourrage ne le comportait; il devait cependant se procurer le plus d'engrais possible; il obtint ce résultat en fournissant de la paille aux écuries de Bourg, dont il prenait en échange le fumier; enfin il se rendit adjudicataire des engrais de la brigade de gendarmerie du chef-lieu; ce fut avec ces ressources précieuses qu'il amenda énergiquement les terres déjà en culture et qu'il lui fut possible de défricher 2 hectares de pâturages, qui ne tardèrent pas à se transformer en terres arables de bonne qualité.

Arrivé en 1852, la position du fermier du Saix s'était considérablement améliorée. Il avait pu, avec un capital de 9,000 francs, payer régulièrement son fermage, monter sur un bon pied une fabrique de briques et de tuiles, entreprendre l'irrigation de ses prairies, le chaulage de ses terres, améliorer son troupeau, se procurer de bons instruments, élever enfin son capital d'exploitation de 9,000 à 36,000 francs, en utilisant les seules ressources de son exploitation.

En 1851, il avait eu la bonne fortune de voir classer route d'intérêt commun le chemin vicinal qui traversait le domaine; M. Chambaud hâta par son concours actif et désintéressé l'achèvement de cette voie de communication, d'un si grand intérêt pour son exploitation.

Pour utiliser cette route, il fallait créer au plus tôt, sur la propriété même, un chemin de jonction de 300 mètres de développement; ce chemin, ou mieux cette avenue, large et commode, a été construite exclusivement aux frais de M. Chambaud.

En 1852, M. de Loras prorogea le bail de 1846 jusqu'au 11 novembre 1866, en y ajoutant 2 petites fermes enclavées au milieu du domaine; ces fermes étaient louées 1,000 francs; elles lui furent remises pour 400 francs; de sorte que le fermage fut porté à 5,400 francs, outre des redevances évaluées de 4 à 500 francs.

Cette détermination de M. de Loras ne fut ni sollicitée, ni même demandée; il avait suivi les efforts de son fermier; il avait vu augmenter par ses soins la valeur de son domaine; ses autres tenanciers ne le payaient pas; ils lui demandaient tous les ans des rabais considérables; il n'avait pour toute famille qu'une fille religieuse, habitant loin de lui; il voulut se procurer un revenu assuré, payé sans récrimination et sans amertume.

Après ce nouveau bail, en tenant compte des changements opérés dans la culture, la ferme du Saix comprenait :

Prairies naturelles	29 hect.	28 ares.
Terres arables	35 »	70 »
Taillis	3 »	26 »
Etangs	93 »	36 »
Bâtiments, cours, etc	1 »	10 »
	162 hect.	70 ares.

A la même date, le bétail de l'exploitation avait été porté à 50 têtes, et le rendement moyen du blé s'élevait à 17 hectolitres.

M. de Loras mourut trois mois après la signature de ce nouveau bail, laissant sa fortune à sa fille unique, supérieure des Sœurs de la Visitation de Thonon (Savoie).

Les rapports de M. Chambaud avec cette religieuse, et plus tard avec une autre supérieure qu'elle institua pour son héritière, n'ont jamais cessé d'être empreints de la même bienveillance qu'il avait trouvée chez M. de Loras; seulement, ces religieuses ne voulurent entrer pour rien dans les grands travaux de drainage, de dessèchement d'étangs et d'assainissement que leur fermier voulait entreprendre; la seule concession à laquelle elles se prêtèrent sans difficulté, fut de construire une étable nouvelle, devenue nécessaire, et d'agrandir le logement réservé à l'exploitant.

Avec ce nouveau bail de 10 ans, M. Chambaud était assuré de bénéficier des améliorations qu'il allait entreprendre; aussi, pendant les années 1852, 1853, 1854 et 1855, consacra-t-il la majeure partie des ressources que lui fournissait le domaine à des achats considérables d'engrais, sans pour cela interrompre l'échange des pailles disponibles contre les fumiers de Bourg.

Les travaux entrepris pour augmenter la production des prairies n'avaient point amélioré leur qualité ; l'eau des irrigations restait en permanence sur les bas-fonds, où elle donnait naissance à des joncs et des leiches.

Les pluies abondantes tombées en 1851 et 1852 avaient empiré cette position; il devenait indispensable, pour changer cet état de choses, de pratiquer le drainage général de la propriété.

D'un autre côté, le poisson des étangs, après avoir conservé longtemps un prix élevé, perdit de sa valeur par suite des arrivages faciles et journaliers de la marée dans tous les grands centres de consommation.

Cette dépréciation se maintenant, il fallait songer à tirer un autre parti des étangs; il fallait les ramener au plus tôt à la culture, dont ils avaient anciennement été distraits ; mais cette transformation demandait des avances considérables pour détruire les digues, niveler le sol, le cultiver, le chauler, l'emblaver; et, nous l'avons dit, le nouveau propriétaire se refusait à contribuer à la dépense.

Ce fut dans ces conditions, qu'au retour de l'exposition de Londres, M. de Westerweller fit venir et placer dans la tuilerie de M. Chambaud une petite machine à tirer les tuyaux de drains; la terre du Saix était très propice à cette fabrication ; l'utilité du drainage, incontestable dans la Bresse et les Dombes, les demandes furent bientôt si nombreuses qu'il devint nécessaire de monter une deuxième machine beaucoup plus forte, mise en mouvement par un moteur à vapeur de la force de 6 chevaux.

Ce fut alors seulement que M. Chambaud put entreprendre à ses frais quelques travaux partiels de drainage; une pièce de 3 hectares fut drainée en 1852 et 1853; nous verrons qu'il dut reprendre plus tard cette première opération de dessèchement.

Nous avons dit que sur les 162 hectares compris dans le dernier bail, 93 étaient en étangs, mis en *assec* tous les 2 ou 3 ans, et que le poisson, après avoir obtenu un prix élevé de 1840 à 1850, avait tout à coup perdu de sa valeur en 1851. Cette baisse ayant continué en 1852 et 1853, M. Chambaud, qui déjà alors avait augmenté sa provision de fourrages naturels et ses cultures fourragères, qui avait produit et acheté assez d'engrais pour donner de fortes fumures à ses terres, qui avait chaulé la plus grande partie du domaine, M. Chambaud, disons-nous, résolut d'étendre les terres au préjudice des étangs.

Les 93 hectares d'étangs formaient 5 pièces d'eau; la plus étendue avait 37 hectares, la plus petite 2.

Ce dernier étang, placé à la porte des habitations, fut le premier desséché en 1853. Après avoir démonté les digues, le terrain fut nivelé avec soin; il reçut ensuite un labour profond, suivi d'un chaulage; ce n'est qu'après avoir reçu plusieurs fumures qu'il a pu être converti en prairies arrosées; il n'a cessé dès lors de donner d'abondantes récoltes.

L'étang Corby, de 37 hectares, présentait de plus sérieuses difficultés et demandait l'avance d'un fort capital; car cette vaste surface, qui jusque-là n'avait nécessité qu'un labour donné pendant l'*assec* de 2 ans en 2 ans, pour porter d'abondantes récoltes d'avoine recueillies sans fumure, l'*évolage* ou culture en eau remplaçant la jachère fumée, exigerait une fois desséchée un personnel plus nombreux, de nouveaux attelages, des chaulages et des fumures.

Ce dessèchement fut cependant entrepris en 1854; cette même année l'étang fut nivelé, défoncé et chaulé; le chaulage seul occasionna une dépense de 4,000 francs.

En automne, une partie des terres fut fumée et semée sur un second labour en froment et méteil.

Le surplus de la pièce reçut de l'engrais au printemps et fut semé en maïs pour fourrages.

La deuxième année, tout ce qui ne put être de nouveau fumé fut laissé en jachère; enfin, après trois ans d'efforts, l'ancien étang de Corby put entrer dans une rotation régulière de 4 ans, comprenant une sole de racine, une de trèfle et deux de froment.

En 1856, l'ancien domaine du Saix avait reçu d'importantes modifications.

Les prairies naturelles avaient été portées de 19 à 31 hectares; ce n'était plus comme autrefois des prés à une coupe de mauvaise qualité, établis sur un gazon soulevé, buissonneux et inégal; c'étaient de bonnes prairies bien nivelées, bien arrosées, donnant uniformément deux coupes déjà abondantes de fourrages; la ferme pouvait nourrir 70 têtes de gros bétail.

Le rendement moyen du blé s'était élevé à 24 hectolitres.

Les étangs avaient été ramenés de 93 hectares à 54.

Le sol se prêtait à toute espèce de culture fourragère, et déjà on récoltait 15 à 20,000 kilos de betteraves à l'hectare.

Placé dans ces nouvelles conditions culturales, M. Chambaud, qui payait un fermage peu élevé, réalisait tous les ans des bénéfices assez importants, qui lui avaient permis d'effectuer les améliorations que nous avons indiquées, d'augmenter son capital d'exploitation, et enfin d'acheter deux petits domaines à Etang, dont il avait triplé la valeur en les desséchant.

M. Chambaud n'était cependant point encore au terme de ses peines, car il lui restait 54 hectares d'étang à mettre en culture, des drainages, des chaulages à continuer et à achever; il est vrai qu'il avait 10 ans de bail pour exécuter ces travaux et profiter de l'amélioration du domaine.

Tout semblait sourire à M. Chambaud dans sa modeste position de fermier, lorsque la supérieure des Sœurs de la Visitation de Thonon, troisième héritière des biens de M. de Loras, résolut de vendre le Saix, pour le mobiliser et le rendre plus productif.

La mise en vente de cette propriété était un événement tout à fait inattendu et qui pouvait avoir de graves conséquences pour M. Chambaud.

En faisant lui seul l'avance des grands travaux de drainage, de chaulage, de mise en culture des étangs, on lui avait toujours laissé entrevoir une prolongation de bail pour lui donner le temps de se mettre à couvert de ses avances. La vente de la propriété changeait toutes ses espérances; il pouvait, il est vrai, recevoir une indemnité pour les 9 ans de bail qui lui restaient, où continuer à exploiter, mais cette indemnité ne le couvrirait jamais de ses avances, et la perspective de la cessation possible de son bail lui interdisait pour l'avenir les dépenses d'améliorations dont une longue jouissance l'aurait couvert avec usure.

Ces considérations, l'offre qui lui était faite de lui procurer l'argent dont il aurait besoin, déterminèrent M. Chambaud à étudier s'il ne lui convenait pas de se rendre lui-même acquéreur de tout le domaine du Saix : peu de temps après il en était propriétaire.

Arrivé par le fait de cette vente au terme de son bail, après un fermage sous la direction de son père de 6 ans, sous la sienne propre de 11 ans, nous devons, avant d'aller plus loin, étudier quels étaient les résultats pécuniaires obtenus par M. Chambaud, quel était son capital d'exploitation, ses avances aux cultures, ses créances, l'argent en caisse dont il disposait; en un mot, combien il avait gagné jusqu'à ce moment.

Bien que la comptabilité tenue pendant la durée du fermage ne présente pas cette suite, cette régularité qu'on y a mise dès lors, on peut, en s'aidant au besoin de la mémoire des faits, établir d'une manière assez régulière la position financière de M. Chambaud lorsqu'il devint propriétaire du domaine du Saix (30 septembre 1857).

ÉTAT DE SITUATION DE M. CHAMBAUD
AU 11 NOVEMBRE 1857.

Actif de l'exploitation.

Mobilier vivant.		
Bœufs	3.592 »	
Taureaux	1.570 »	
Vaches	2.230 »	
Élèves	1.220 »	24.520 »
Chevaux	5.100 »	
Etalons	8.000 »	
Porcs	2.400 »	
Basse-cour	408 »	
Mobilier mort.		
Instruments aratoires	2.535 »	
Véhicules	4.980 »	
Harnais et mobilier d'écurie	870 »	
Id. de bouverie	1.225 »	26.849 »
Id. de cuisine des animaux	795 »	
Main-d'œuvre	602 »	
Magasins et greniers	5.842 »	
Ménage	10.000 »	
Denrées en magasin.		
Graines en magasin	10.798 50	
Fourrages	10.650 »	
Racines	1.190 »	35.190 »
Pailles	3.291 50	
Fumiers	260 »	
Emblavures	9.000 »	
A reporter		86.559 »

Report.........			86.559 »
Tuilerie.			
Marchandises en magasin		» »	14.000 »
Argent en caisse		» »	1.548 50
Acquisitions faites avec les bénéfices de l'exploitation.			
Propriété des Dunes......	19.000 »	46.000 »	46.000 »
Id. de Rauyoux	27.000 »		
Total de l'actif de l'exploitation........			148.107 50

Passif de l'exploitation.

Dû à M. Duprat.....................	8.000 »	16.637 80
Inventaire d'entrée au 11 novembre 1846	8.637 80	
Il reste pour les bénéfices réalisés dans les 11 ans de fermage		131.469 70
Si, après avoir étudié les bénéfices obtenus par M. Chambaud pendant la durée de son fermage, nous voulons nous rendre un compte exact de sa position financière au moment de son acquisition, nous devons ajouter à cette première somme :		
1° Celle de 8,637 fr. 80 c. que nous avons distraite ci-avant, comprenant des valeurs qui étaient ou qui sont devenues sa propriété, telles que les avances faites par son père dès lors décédé, les premiers apports de sa femme au montant de.............................		5.637 80
2° Mme Chambaud avait été mise en possession d'un domaine à la Carrière, évalué		30.000 »
3° M. Chambaud avait reçu dans la succession ouverte de son père une vigne prise pour.............		9.000 »
En additionnant ces divers avoirs au 11 novembre 1857, on trouve qu'ils s'élèvent à la somme de.......		176.107 50

La seule dette à sa charge, en ce moment, s'élevait à 8,000 francs; elle a été déduite des bénéfices du fermage.

Avant d'acquérir le domaine du Saix, M. Chambaud s'était assuré de la possibilité de vendre avantageusement, non-seulement trois des quatre domaines qu'il possédait, mais encore un tiers environ de celui du Saix, et on avait offert de lui prêter tout l'argent dont il aurait besoin.

Nous ne faisons que constater ces faits, car il n'entre pas dans le cadre que nous nous sommes tracé d'entrer dans le détail des opérations qui ont été la conséquence de cette acquisition.

En résumant les premières phases de la vie agricole de M. Chambaud, nous dirons que nous l'avons trouvé jeune encore aidant son père, de 1840 à 1846, dans l'exploitation du fermage du Saix; nous l'avons suivi avec intérêt, prenant en main la succession difficile que lui abandonnait son père; nous l'avons vu avec un capital insuffisant de 8,637 fr. 80 c., faisant marcher l'industrie à côté de l'agriculture pour hâter le moment où il pourrait disposer d'un capital d'exploitation en rapport avec l'étendue, avec les besoins de toute nature du domaine du Saix; nous avons constaté l'importance des travaux entrepris et menés à bonne fin, les résultats obtenus, les bénéfices réalisés en qualité de fermier; il nous reste à l'étudier comme propriétaire, travaillant non plus avec la crainte d'avoir fait des avances qui ne devaient pas lui profiter, mais avec la certitude de jouir lui et les siens des améliorations, de la plus-value qu'il donnerait au domaine.

M. CHAMBAUD, propriétaire-agriculteur.

Le 30 septembre 1857, M. Chambaud achetait de la supérieure du couvent de la Visitation de Thonon tout ce qu'il restait de la propriété du Saix, après les ventes partielles opérées directement par le précédent propriétaire.

Cette vente fut consentie devant Me Dubenay, notaire à Bourg, au prix de	175.000 »
Outre les frais s'élevant à	16.500 »
Le prix réel de cette vente et les frais formaient un total de........................	191.500 »
A reporter......	191.500 »

		Report.........	191.500 »

Le domaine vendu comprenait :

Prairies naturelles.......	$30^{h}\ 00^{a}\ 00^{c}$	$198^{h}\ 10^{a}\ 03^{c}$
Terres arables..........	$42^{h}\ 00^{a}\ 00^{c}$	
Sol des bâtiments, jardins, tuilerie, etc..........	$1^{h}\ 10^{a}\ 03^{c}$	
Bois	$125^{h}\ 00^{a}\ 00^{c}$	

Le prix, mis en regard des divers articles compris dans la vente, peut se décomposer comme suit :

Tuilerie	25.700 »	191.500 »
125 hectares de bois taillis à 700 fr......	87.500 »	
Prés, champs, pâturages, cours, jardins et constructions, 73 hectares à 1,100^{f}.	78.300 »	

Ce prix, de l'avis des personnes les plus compétentes de la localité, était en rapport avec les ventes qui s'opéraient en ce moment dans des conditions à peu près identiques ; car il ne faut pas oublier que toutes les terres déjà améliorées, faisant partie du fermage de M. Chambaud, ne se trouvaient pas comprises dans la vente ; on les avait remplacées par des bois sur lesquels tout était à faire ; en étudiant les proportions relatives des prés et des terrains à culture, il était impossible de les maintenir à cet état ; il fallait au plus tôt défricher une partie des bois ; les bâtiments laissaient aussi beaucoup à désirer ; le vieux château, qui servait simultanément d'habitation et de grenier, remplissait mal ces deux services ; les écuries, suffisamment grandes, n'étaient ni pavées, ni dallées; enfin les granges, assez vastes, manquaient de sous-pieds et de planchers sur tête.

Dès l'automne et pendant l'hiver de 1857, M. Chambaud s'occupa d'étendre ses cultures au préjudice de ses bois ; il continua en 1858, jusqu'à ce qu'une surface de 40 hectares ait été défrichée.

L'opération, assez facile dans ce sol profond, a été exécutée à la tâche, à raison de 75 à 120 francs par hectare, outre les souches et les menus bois ; les travaux de nivellement n'étaient point compris dans ces conventions, le propriétaire en restait chargé. Voici comme on opère :

Le bois une fois défriché, le sol est soumis à une jachère d'été sur défoncement à la charrue ; pendant cette jachère, on donne un chaulage à raison de 60 à 75 hectolitres par hectare, puis on sème du méteil; l'année suivante ce terrain se prête à toute espèce de culture. Toutefois, ce n'est qu'après 4 ou 5 ans qu'on peut le mettre en prairie.

Ces défrichements changèrent dès le début les proportions des prairies, des champs et des bois; ces derniers furent ainsi réduits à 85 hectares.

Cette première opération était à peine achevée que M. Chambaud entreprit de drainer régulièrement 20 hectares de terre et 8 de prés; ce travail, déjà partiellement exécuté sur une partie des terres, n'avait pas donné les résultats qu'on était en droit d'espérer, parce qu'il avait été exécuté d'une manière irrégulière.

Les espacements des fossés furent réglés de 10 à 12 mètres, la profondeur de 0,75 à 1 mètre, et toutes les eaux, réunies dans un collecteur, furent dès lors utilisées pour l'irrigation des prairies inférieures.

Il entrait dans les projets de M. Chambaud de convertir en prairies la plus grande partie des bois défrichés; il fallait pour cela augmenter la proportion des fumiers; c'est pour y arriver le plus promptement possible qu'il se rendit adjudicataire pour un tiers du nettoyage de la ville de Bourg; il lui procurait journellement un fort tombereau de boues grasses qu'il faisait conduire au Saix.

Au fur et à mesure que les terrains rendus à la culture sont arrivés à un état de fécondité jugé convenable, ils ont été labourés profondément et simultanément défoncés.

L'ensemencement de ces prairies se pratique, partie en automne sur jachère, partie au printemps sur une avoine clair-semée.

M. Chambaud se sert, pour gazonner ses prairies, de la graine de foin ramassée sur les fenils, à laquelle il mêle 15 kilogrammes de légumineuses *(trèfle rouge, trèfle blanc, trèfle hybride, lapuline)*.

Les 85 hectares de bois conservés pour les besoins de l'exploitation et le service de la briqueterie ont aussi été l'objet de quelques améliorations, ils sont aujourd'hui aménagés à 14 ans; les coupes annuelles ont été régulièrement limitées, et toutes les clairières replantées avec des essences appropriées au sol.

Ces taillis, nous tenons à le constater, ont une végétation luxuriante; le bois blanc y domine; le chêne ne représente qu'un tiers du boisement.

Si des champs, des prés et des bois nous passons aux constructions, nous voyons que M. Chambaud a successivement bâti une porcherie spacieuse, une vaste étable, une fosse à fumier, deux à purins, et une habitation pour se loger lui-même; nous reviendrons sur ces améliorations.

Nous venons de parcourir, en les signalant à votre attention, les travaux entrepris et exécutés sur le domaine du Saix, de 1846 à 1866; il nous reste à vous faire pénétrer avec nous dans les bâtiments pour en apprécier les dispositions particulières, pour étudier le nombre, l'espèce, la race des animaux qui y sont installés; après avoir visité les greniers, le laitier, nous parcourrons les cultures pour reconnaître leur état plus ou moins prospère; nous rechercherons, en terminant, dans la comptabilité combien ont coûté les résultats obtenus, le point de départ, le point d'arrivée, les bénéfices réalisés, la plus-value donnée au domaine par le concurrent auquel le Jury a décerné *la prime d'honneur régionale du département de l'Ain.*

L'habitation du propriétaire, de construction récente, se trouve reliée au vieux château de la famille de Loras, aujourd'hui exclusivement consacré à loger le personnel de l'exploitation et à emmagasiner les grains.

Cette maison est vaste, bien distribuée et décorée avec goût; placée entre le jardin et les cours de service, touchant d'un côté au château, elle facilite la surveillance des employés.

La visite des cuisines, de la laiterie, de la lingerie et des logements du personnel a convaincu la Commission de l'esprit d'ordre que Mme Chambaud apporte à la surveillance de ce service qui lui est exclusivement réservé.

Dans les greniers se trouvaient encore soigneusement entassés environ 200 hectolitres de froment bleu, victoria mélangé, ou commun du pays.

Une cour carrée et un large chemin d'exploitation séparent les maisons des écuries, des remises et des étables.

Les écuries sont d'anciens bâtiments appropriés sans luxe à ce service; les unes ont des séparations fixes, les autres mobiles; la distribution des fourrages se fait au moyen d'un abat-foin.

On comptait dans la même écurie un étalon anglo-normand, 3 élèves de 18 mois à 2 ans; dans la seconde, qui est double, un cheval, 3 juments, une pouliche de lait, 2 d'un an; enfin, dans la troisième, 3 juments et un cheval.

Les chevaux de trait et les juments poulinières concourent avec les bœufs aux travaux de l'exploitation; les jeunes animaux servent à remplacer ceux mis à la réforme, et tous les ans on en vend quelques-uns.

En général ces animaux, à l'exception de l'étalon anglo-normand, n'ont rien de remarquable; ils pèchent surtout par l'ensemble des formes.

Notons cependant que l'écurie d'élevage de M. Chambaud a obtenu huit prix dans les concours agricoles de Lyon, six dans les concours hippiques de Bourg, et qu'une jument, aujourd'hui âgée de six ans, plus spécialement employée au char pour le service de la maison, a gagné dans les courses au trot de Châtillon (Ain) deux prix de 300 francs, en 1864 et 1865.

En tête des bâtiments où sont logées les bêtes à cornes, se trouve une vaste remise fermée, où est abrité tout le matériel roulant: chars, charrettes, camions, tombereaux, rouleaux, etc., etc.; le mobilier est nombreux et bien entretenu.

Une première étable, ouverte par ses deux extrémités, abrite les jeunes animaux; elle est double; le corridor médian de service est large et pavé en briques; on y comptait onze jeunes taureaux et huit génisses de 12 à 18 mois, en bon état; huit veaux de lait, placés tout auprès, laissaient à désirer; ces animaux appartiennent aux races bressane, femeline, ayr et à leurs croisements entre elles.

La vacherie, nouvellement construite, est placée à l'extrémité de cet ancien bâtiment; mais elle se prolonge au-delà de sa largeur, en retour d'équerre.

Cette vacherie, construite dans de bonnes proportions, sur un modèle nouveau, mérite une mention toute spéciale: sa longueur est de 22 mètres, sa largeur de 11 mètres; une voûte à *canes* en briques placées à plat entre les poutres la recouvre; un pavé en briques de champ forme le sous-pied; elle a 4 mètres d'élévation, est double, avec corridor de service central et deux corridors de passage. Des canaux souterrains recueillent les urines pour les conduire dans la fosse à purin.

Les auges, en briques cimentées de 0,50 centimètres de largeur, sur 0,30 de profondeur, sont construites de manière à recevoir un petit wagon pouvant contenir 20 litres d'eau, qui sert à abreuver les animaux sans les déplacer, ou à leur donner du farineux ou des racines.

Les râteliers droits, à claire-voie, laissent passer la tête des animaux pour prendre leur nourriture dans la crèche.

M. Chambaud a formé, en amont des étables, un vaste réservoir qui reçoit l'eau provenant du drainage des terres supérieures; des conduits l'amènent et la distribuent dans les écuries et les étables, où elle se verse à volonté dans des bassins en ciment, solidement construits.

Cette étable renfermait, au moment de la visite, un taureau ayr, 2 bressans, 31 vaches et deux veaux d'un mois.

Ce bétail appartient à la race bressane, à la femeline, à des croisements de ces animaux entre eux et avec la race d'Ayr.

L'étable de M. Chambaud a une réputation bien méritée, c'est chez lui qu'on vient chercher les reproducteurs de choix des races femelines et bressanes.

Pour arriver à reconstituer le type primitif qui caractérise ces deux races, le fermier et plus tard le propriétaire du Saix, a procédé par sélection; pour relever la taille que ces animaux avaient perdue par le peu de soin qu'on en prenait et l'insuffisance de la nourriture qu'ils trouvaient dans les pâturages, les étangs et les marécages, il leur a donné une nourriture abondante et substantielle, surtout depuis qu'il lui a été possible de cultiver en grand la betterave.

Pendant la belle saison, tout le bétail est nourri au vert à l'étable; on lui fait consommer successivement de la luzerne, du trèfle, des gesses, des vesces, du moha, du maïs; puis, quant la deuxième coupe de fourrages a atteint un développement et une ténacité convenable, on la fait pâturer par le troupeau de tout âge; si le temps est mauvais, les prés humides, on laisse les animaux à l'étable jusqu'à ce qu'ils puissent y retourner sans préjudicier aux prairies.

La nourriture d'hiver se compose de fourrages secs et d'une forte ration de betteraves hachée, et, depuis quelque temps, de pulpes, échangées contre les betteraves à la fabrique de sucre de Tournus.

Au moment de la visite, on trouvait dans les étables un excellent choix de mères, de bons taureaux de service, quelques jeunes taureaux pleins d'avenir, des génisses qui promettaient; les veaux de lait seuls laissaient à désirer; ils semblaient accuser une nourriture insuffisante en lait.

Le troupeau de M. Chambaud est incontestablement ce que la Commission a trouvé de plus uniformément beau parmi les concurrents du département de l'Ain.

Le propriétaire du Saix a affirmé le mérite de sa vacherie et de ses reproducteurs dans tous les concours où il s'est présenté depuis 1859; cette même année il obtenait, au concours régional de Bourg, quatre prix, dont un de 600 fr. pour un taureau; trois d'une valeur de 1,200 fr. à Lons-le-Saulnier, en 1860; quatre premiers prix et un second à celui de Lyon, en 1861 ; quatre premiers prix, un second et un troisième à Moulins, en 1862 ; quatre premiers prix et deux seconds au concours régional de Chambéry, en 1863 ; 2,780 fr. à Rouanne, en 1864 ; quatre premiers prix et trois seconds à Annecy, en 1865 ; cinq premiers prix, deux seconds, 2 troisièmes et un quatrième au concours régional de Mâcon, en 1866.

Ces récompenses, qui sont constamment allées en s'augmentant, sont le plus sûr témoignage du mérite des étables de M. Chambaud et du soin qu'il prend à entretenir et perfectionner les deux meilleures races du département de l'Ain.

Au Saix, on a surtout en vue l'élevage ; accessoirement on tire parti du lait, soit en le vendant en nature à Bourg, soit en fabriquant du beurre et du fromage blanc pour la vente et les besoins du ménage.

La bouverie est aussi placée dans le bâtiment où nous avons trouvé les génisses ; au moment de la visite, on comptait dix bœufs de travail de tout âge et quatre bouvillons, presque tous élevés sur le domaine ; ces animaux sont bien installés ; leur nourriture d'été consiste, comme celle des vaches, en fourrages verts ; celle d'hiver se compose de foin pur ou mélangé avec de la paille, et en rations de racines.

La porcherie est assez éloignée des habitations pour nécessiter une cuisine spéciale ; elle occupe un des côtés d'une cour carrée ; le fond comprend treize loges sous hangars, avec auges en dehors et volets mobiles.

La porcherie ne contenait que 18 porcs de tout âge et de tout sexe, de la race de New-Leicester ; leur conformation est bonne ; un verrat et une truie se faisaient surtout remarquer par leurs belles formes.

Le contour de la porcherie est pourvu d'un large trottoir pavé ; les urines s'écoulent dans des fosses placées au-dessous de chaque loge ; les porcs couchent sur un plancher en bois dur. Toutes ces eaux, mêlées aux excréments solides, se réunissent dans une fosse, d'où on les extrait pour les mêler aux engrais ou les répandre sur les prairies.

M. Chambaud entretient dans sa plus grande pureté la poule bressane ; le poulailler, divisé en plusieurs compartiments, est tenu aussi propre que possible ; plusieurs fois par an les murs sont lavés au lait de chaux ; on vend annuellement 400 volailles environ ; elles sont livrées au marché à l'état de poulets de grains ou de poulardes grasses ; depuis que cette race de volaille, mieux connue, a pris de la réputation, une partie des poulets et des poussines sont vendus pour la reproduction.

En résumé, les animaux entretenus sur le domaine du Saix, au moment de la visite, comprenaient :

14 chevaux de tout âge, juments, étalons, poulains ; 77 têtes de bêtes à cornes ; 18 porcs.

La Commission, en tenant compte des élèves, a évalué l'ensemble du poids vif de ce bétail à 35,000 kilos, qui, répartis sur 109 hectares en prairies, jardins et culture, donne un poids de 320 kilos à l'hectare.

Si on voulait rendre un compte exact de l'engrais produit sur l'exploitation, il faudrait ajouter à cette première indication les fumiers échangés contre de la paille à Bourg, ainsi que le tiers des boues de rue provenant du balayage de la ville : on arriverait alors à établir très approximativement que le domaine du Saix entretient la fécondité de chaque hectare de ses terres au moyen des engrais d'une tête de gros bétail de 400 kilos de poids vif.

Les fosses à fumier et à purin sont construites dans la cour même des étables.

La fosse à fumier, large et profonde, est entourée de murs sur trois de ses faces, la quatrième est ouverte au passage des chars qui amènent ou enlèvent le fumier.

Deux fosses à purin munies de pompes facilitent l'arrosage en tout temps et sur tous les points du tas.

Au moment de la visite, on démontait la fosse ; la Commission a pu s'assurer que ce fumier avait été mis en couche, tassé et arrosé : il était sans moisissure, très homogène et de bonne fabrication.

M. Chambaud fait en outre, pour ses prairies, des terreaux, des composts, qu'il n'emploie qu'après un certain laps de temps : on les compose des boues de la ville, des terres enlevées des fossés, des gazons de rigoles, de fumier ordinaire, enfin de chaux. Ces tas sont souvent arrosés de purins, pendant qu'on les établit, pour faciliter la fermentation ; on continue ces arrosages de temps à autres, surtout pendant l'été.

Le propriétaire du Saix a tenu à concentrer tous ses services le plus près possible de l'habitation ; aussi trouvons-nous les instruments de culture installés sous un hangar un peu étroit, appliqué sans façon contre la vieille gentilhommière.

L'outillage est très complet en bons instruments de culture ; toutes les fabriques en renom y ont apporté leur contingent ; les charrues sortent de la fabrique de Nancy.

Outre la collection complète des instruments de trait, de main-d'œuvre, de greniers et de laiterie, on trouve dans la cour une forte bascule, et, sous les toits de la briqueterie, une batteuse mise en mouvement par la machine à vapeur, plus particulièrement utilisée pour la fabrication des briques, tuiles et drains.

La place de cette batteuse, loin du gerbier, occasionne des transports assez incommodes en temps de pluie; c'est un inconvénient, sans doute; il est en partie racheté par la puissance du moteur et l'étendue des hangars qui environnent la batteuse. On y fait à temps perdu une forte provision de gerbes.

C'est le 6 juin que la Commission a visité l'exploitation du Saix pour étudier les cultures, leur tenue et l'état des récoltes sur pied.

En parcourant le domaine dans toutes ses parties, elle l'a trouvé composé de 198 hectares 10 ares 33 centiares, comprenant :

En prés				58 h.	82 a.	30 c.	198	10	33
En terres				48	8	90			
En jardins et vergers				2	18	10			
En bâtiments, cours, entrepôts, marnes, etc., etc.				3	51	35			
En bois-pâturages.	»	7 a.	70 c.	85	49	68			
En bois-taillis	85 h.	41	98						

Les 48 hectares de terres en culture étaient divisés en soles inégales, comprenant une rotation de quatre ans.

Les plantes sarclées : pommes de terre, carottes, betteraves et maïs, occupaient une surface de				7 h.	30 a.	»
Les fourrages verts : maïs, moha, vesces d'hiver et de printemps				7	80	»
Jachères				2	30	»
Les fourrages artificiels : en trèfle incarnat, 2 hect. 50 en cultures dessolées et pour graines	2 h.	50 a.	»	6	10	»
Trèfle rouge ordinaire	2	»	»			
Luzerne	1	60	»			
Céréales d'hiver : Froment	15	»	»	24	50	»
Avoine	5	50	»			
Méteil	4	»	»			
Total				48	»	»

Sept hectares de raves et de sarrasin sont en outre annuellement semés sur trèfle incarnat ou après les céréales.

La betterave, qui pendant longtemps n'a pu prospérer, ni même donner des récoltes moyennes au Saix, forme aujourd'hui la meilleure des cultures sarclées.

Au moment de la visite, on trouvait 4 hectares de betteraves et 30 ares de carottes à collet vert, semés en ligne; bien que ces semis, sous l'influence des pluies persistantes du printemps, n'eussent pas une levée bien régulière et une propreté irréprochable, ils étaient bien réussis pour la saison.

La Commission a trouvé un atelier complet d'attelages établis sur un champ de 2 hectares qui n'avait pu recevoir des fumures et des cultures plus tôt.

Une forte charrue, attelée de six bœufs, labourait le terrain destiné à recevoir un repiquage de betteraves; cette charrue enterrait une abondante fumure, qu'on ne peut évaluer à moins de 35,000 kilos à l'hectare; elle était suivie d'une défonceuse Baudin qui fonctionnait très bien; c'est sur ce labour, énergiquement hersé, que des ouvriers repiquaient des replants de betteraves globes.

On doit féliciter M. Chambaud d'avoir su former d'aussi bons ouvriers que ceux que la Commission a vus travailler dans cette pièce.

Nul doute que ce repiquage ne donnera de bien meilleurs résultats que les 4 hectares semés en place.

Les pommes de terre, de la variété Chardon, souffraient de l'humidité; elles étaient plantées en ligne à la charrue et avaient reçu une première culture.

Le maïs, aussi semé en ligne, n'était pas très avancé; il arrivait cependant au point où un sarclage à la houe à cheval devenait nécessaire.

Les *fourrages verts* s'étendaient sur 2 hectares de maïs, semés sous raie, de bonne venue; 20 ares de moha de Hongrie, semé depuis peu de jours; 2 hectares de vesces d'hiver et 2 hectares 50 ares de vesces d'hiver mêlées à de l'avoine servaient, au moment de la visite, à alimenter le bétail; la récolte, qu'on peut évaluer à 4,000 kilos de rendement en sec, ne laissait rien à désirer sous le rapport du rendement; 1 hectare 10 ares de vesces de printemps commençaient seulement à lever.

Les *fourrages artificiels* comprenaient 2 hectares 50 ares de trèfle incarnat, à peu près consommés au moment de la visite; ils avaient donné une bonne coupe; 50 ares étaient conservés pour graines; 2 hectares de trèfle rouge ordinaire, à moitié consommés en vert, manquaient d'uniformité : généralement beau sur la crête du sillon, il l'était moins en approchant des dérayures; M. Chambaud étend cette culture; en 1867, il aura 7 hectares de trèfle, que nous avons trouvé levé sur 5 hectares de froment et 2 d'avoine; 1 hectare 10 ares de luzerne étaient à sa seconde coupe; en voyant la belle venue de cette légumineuse, on ne peut qu'encourager M. Chambaud à l'étendre autant qu'il lui sera possible.

La sole de céréales d'hiver comprenait 24 hectares 50 ares : 15 en froment, 4 en méteil et 5,50 en avoine.

Sur les 15 hectares de blé, 5 étaient semés en variétés mélangées, 3 en victoria, 7 en blé barbu du pays.

Tous ces froments, à l'exception de 2 hectares 60 ares, succédaient à des plantes sarclées ou à des fourrages verts fumés.

Leur état, au moment de la visite, était généralement bon, surtout le victoria; cependant, sous l'influence de l'humidité permanente du printemps, quelques plantes adventices s'étaient développées, et les épis n'avaient pas pris le développement qu'une saison plus favorisée n'eût pas manqué de leur donner.

Quatre hectares de méteil sur jachère, chaulé après défrichement, accusaient les mêmes circonstances défavorables; 5 hectares 50 ares d'avoine, quoique un peu herbue, promettaient une abondante récolte.

En résumant ces diverses cultures, on voit que M. Chambaud, qui se trouve dans la dernière période d'une culture de transition, occasionnée par le défrichement de 40 hectares de bois, n'a pu encore adopter une rotation régulière.

Les terres neuves qui forment la majeure partie de ses cultures ont besoin, avant d'entrer dans un assolement, d'être ramenées à cet état d'aération, d'émiettement, d'uniformité, d'homogénéité, qu'elles n'obtiennent qu'après plusieurs années de labours profonds, accompagnés de fortes fumures, toujours précédés d'un chaulage énergique.

Pour appliquer à toutes ses terres, destinées à rester en culture, l'assolement quadriennal ou quinquennal, il faut encore que le trèfle réussisse partout; celui que nous avons trouvé sur le domaine est déjà bon; il permet d'espérer que sous peu il viendra sur toutes les pièces de la ferme.

Prairies naturelles. — Sur 110 hectares, en chiffre rond, que comporte la surface du domaine du Saix, plus de la moitié se trouve aujourd'hui occupée par des prairies naturelles.

Comme point de départ, on trouve dans l'état primitif une prairie ou mieux un pâturage de 1 hectare 60 ares; elle est couverte d'un gazonnement marécageux de joncs, de leiches, de genestrelles, salsifis, etc., ne fournissant pas d'herbes à faucher; ce pâturage, qui dépare les magnifiques prairies créées par M. Chambaud, aura bientôt disparu.

C'est en effet dans la création des prairies qu'excelle le propriétaire du Saix; la Commission a successivement parcouru des prés de tous les âges; 30 hectares, qui remontaient à une époque déjà ancienne et qui ont remplacé des étangs, des pâturages ou des cultures, ont conservé une fécondité remarquable; la récolte sur pied pouvait s'évaluer sans hésitation de 3,500 à 4,000 kilos à l'hectare; 14 autres hectares, situés au sortir des habitations, dans la direction de Bourg, à 4,500 kilos; celles placées un peu partout étaient moins bien garnies, tout en promettant une bonne récolte.

Les prairies nouvelles comprenaient :

1° 3 hectares 50 ares semés en avril 1865 sur défrichement drainé, chaulé, mené une année en jachère fumée à 35,000 kilos à l'hectare, suivi d'un méteil qui avait reçu 20,000 kilos d'engrais;

2° 2 hectares 30 ares semés en octobre 1865 dans les mêmes conditions;

3° 2 hectares 30 ares semés en avril 1866.

Toutes ces prairies ont été trouvées exceptionnellement belles; les premières ont dû produire au moins 4,000 kilos à l'hectare; la dernière aura certainement donné une bonne coupe en vert.

M. Chambaud, nous l'avons dit, sème ses prairies avec de la poussière de foin qu'il recueille sur ses fenils, à laquelle il ajoute 15 kilos environ par hectare de légumineuses, trèfle rouge, trèfle hybride, lupuline, etc.

Il sème très épais 2,000 kilos environ par hectare.

Ces prairies sont toutes arrosées dans les moments de pluie et surtout en hiver.

Pour le faire d'une manière uniforme et régulière, M. Chambaud a disposé tout autour de ses prairies des fossés qui servent en même temps de collecteurs des eaux de drainage et de rigoles d'irrigation très régulièment dirigées au moyen de vannes fixes et mobiles.

La fécondité des prairies est entretenue par des fumures, des terreautages ou simplement des arrosages de purin.

Ces fumures expliquent la persistance des légumineuses dans le gazonnement des prairies du Saix.

En comparant entre elles ces diverses cultures, on trouve que plus des 4/5es du domaine concourent à l'alimentation des animaux, qui fabriquent annuellement plus de 800,000 kilos de fumier.

Cette fumure se répartit à raison de 50,000 kilos à l'hectare pour les racines; 35,000 pour le maïs en grain; 45,000 pour le maïs à fourrage; les vesces, 35,000; les pommes de terre, 30,000; les jachères sur défrichement, 20,000 kilos seulement.

C'est avec cet engrais que M. Chambaud a pu transformer son domaine et l'amener à produire, en 1864 et 1865, 25 à 29 hectolitres de froment, 30 à 35 hectolitres d'avoine, 35 à 45,000 kilos de betteraves à l'hectare, et 240,000 kilos de fourrage.

Ces résultats sont surtout remarquables quand ils sont mis en regard de l'ancien état du domaine, qui produisait, en 1846, 30 à 35,000 kil. de foin, 12 à 13 hect. de mauvais froment à l'hectare; de cet ancien domaine à Etang où la fièvre régnait en maître, où l'humidité permanente du sol s'opposait à toute espèce d'amélioration, où les animaux cherchaient leur nourriture pendant une bonne partie de l'année, noyés dans des étangs bourbeux.

Le domaine du Saix est exploité avec le concours permanent de 22 domestiques et 3 femmes de service plus spécialement chargées des travaux d'intérieur.

Pour s'assurer d'une main-d'œuvre suffisante dans une localité comme le Saix, assez éloignée des habitations, M. Chambaud a installé dans d'anciennes maisons huit familles d'ouvriers; il les loge, leur donne un petit jardin et 30 ares de champs. Ces ménages lui fournissent des tâcherons et des ouvriers à la journée.

La tâche est préférée toutes les fois qu'il est possible de s'entendre; le salaire, débattu à l'avance, est payé soit en denrée, soit en argent.

Les femmes sont aussi utilisées pour les sarclages et autres travaux où elles peuvent être employées avec avantage; le reste du temps, elles sont autorisées à ramasser des herbes dans les jeunes taillis, pour entretenir une ou deux vaches.

A certains moments de l'année, les domestiques prêtent leur concours à la tuilerie; mais le compte de cette spécialité est débité du travail que lui prête la main-d'œuvre, qui en est à son tour créditée, de manière à isoler complétement les opérations de la culture de celles de l'industrie.

C'est encore par le même motif que les bois du domaine, aménagés à 14 ans pour fournir le combustible nécessaire à la tuilerie, sont aussi isolés de l'ensemble de l'exploitation.

Jusqu'en 1857, époque de son acquisition, M. Chambaud a tenu lui-même une comptabilité très simple, qui, sans lui permettre de se rendre compte du résultat de chacune de ses cultures, lui fournissait cependant des détails assez circonstanciés pour établir sa position financière.

Dès lors, désireux d'approfondir les résultats de ses opérations agricoles, il a continué, comme par le passé, à tenir lui-même un livre de Caisse, de Journées de travail pour les hommes et les animaux, de Magasins; mais un comptable de Bourg est chargé du Grand-Livre et du Journal.

Cette comptabilité, tenue en partie double, fournit le compte de chaque spécialité agricole, et tous les ans ces comptes sont balancés au 11 novembre, jour fixé pour la clôture des inventaires.

M. Chambaud a posé les bases de sa comptabilité en fixant le prix des fourrages, de la paille, des racines et des céréales qui entrent dans la consommation de ses animaux, d'après leur valeur vénale à Bourg; le fumier est coté à 8 francs, la journée d'un animal de travail à 3 francs.

Nous approuvons sans réserve la fixation préalable de ces prix, mais c'est à la condition qu'ils soient déterminés avec prudence et surtout qu'ils se rapprochent, autant que possible, de la véritable valeur des denrées qui en font l'objet.

En agissant autrement, en exagérant les prix ou en les réduisant démesurément, on ne change rien sans doute au résultat final de l'opération, mais on s'expose à trouver mauvaise ou médiocre une spéculation qui se présenterait dans de toutes autres conditions, si l'on avait été plus équitable envers elle.

Prenons pour exemple la *vacherie du Saix*; elle produit des animaux recherchés, achetés à de bons prix; sa proximité de Bourg lui facilite la vente de la plus grande partie de son lait à 0,15 centimes le litre; son beurre est très estimé, son bétail obtient des prix dans tous les concours : comment se fait-il que la vacherie, en 1865, figure dans les comptes en perte pour 99 fr. 46 c.?

La raison de cette anomalie se trouve dans les bases mêmes qui concourent à établir ce compte : le prix du fumier dont la vacherie est créditée est trop bas à 8 fr. les 100 kilog., et celui des consommations portées à la cote de Bourg trop élevé; qu'on régularise ces valeurs, qu'on porte le foin, la paille à 1 fr. par 100 kil. au-dessous du cours, pour l'équivalent des déchets faits en route, des transports, de la baisse enfin qui résulterait si l'on jetait sur le marché une aussi grande quantité de fourrages; qu'on porte le fumier à 12 fr. les 100 kilog., soit à 8 fr. le mètre cube, prix réel de cette denrée, et aussitôt les fourrages, les cultures gagneront moins et l'élève du bétail sera une spéculation très avantageuse, donnera des bénéfices considérables.

Nous nous sommes appuyés sur ces faits pour que les personnes qui étudieront les écritures de M. Chambaud se rendent compte des motifs qui font gagner beaucoup à certaines spécialités, telles que les céréales, les prairies, les fourrages verts, les racines, tandis que les animaux de rente sont constitués en perte ou gagnent peu.

Pour éviter des longueurs, nous ne croyons pas devoir reproduire ici tous les inventaires qui, de 1857 (donné page 58 ci-avant), se sont succédé jusqu'à 1864; mais nous reproduirons en entier celui de 1865, qui doit nous servir à fixer les bénéfices réalisés depuis 1857, en le comparant à ce dernier.

Cet inventaire, M. Chambaud l'a ténorisé dans son mémoire rédigé pour le concours de la prime d'honneur. Toutefois, nous ne croyons pas devoir maintenir les chiffres du concurrent pour ce qui concerne l'évaluation du domaine du Saix, parce qu'il comprend sous un seul prix l'acquisition et la plus-value, et qu'il nous semble plus convenable de les séparer; nous ajouterons seulement au prix d'achat, les dépenses justifiées en constructions neuves, en drainages et en meubles.

L'état de situation de M. Chambaud, au 11 novembre 1865, se décompose comme suit :

Mobilier agricole vivant.		
Bœufs	3.650 »	
Vaches	11.280 »	
Chevaux	6.900 »	24.592 50
Etalons	1.000 »	
Porcs	1.340 »	
Basse-cour	422 50	
Mobilier agricole mort.		
Mobilier des divers services et du ménage	» »	18.881 »
Caisse	» »	168 58
A reporter		43.642 08

Report.........		43.642 08
Avances aux cultures.		
Boues..............................	520 »	
Fumiers............................	990 »	
Cendres............................	125 »	9.997 05
Composts...........................	440 »	
Chaux en terre.....................	2.165 82	
Emblavures.........................	5.756 23	
Total du capital d'exploitation..................		53.639 13
Magasins.		
Denrées............................	21.396 80	24.271 80
Bois...............................	2.875 »	
Mobilier de la tuilerie................	» »	2.650 »
Débiteurs divers.......................	» »	22.550 »
Immeubles de famille améliorés.		
Vigne de Journand..................	12.000 »	12.860 »
Mobilier des caves et pressoirs........	860 »	
Propriété du Saix.		
Prix d'acquisition.....................	191.500 »	
Constructions :		
Porcherie..........................		
Ecurie.............................	50.031 28	247.531 28
Tuilerie...........................		
Habitations........................		
Drainages opérés sur le domaine......	6.000 »	
Total général de l'actif de M. Chambaud, au 11 novembre 1865, époque de sa présentation au concours.		357.502 21

Pour déterminer les économies réalisées par M. Chambaud, pendant cette période de huit ans, il faut déduire de son actif les dettes qui restent à payer, ainsi que ses avoirs au 11 novembre 1857, provenant de ses bénéfices comme fermier.

A reporter.........	357.502 21

Report		357.502 21
Les dettes s'élèveraient à 72,000 francs ; mais déjà une somme de 8,000 francs a été déduite en 1857 ; il reste à porter en réduction	64.000 »	
A la même date, les avoirs de M. Chambaud comprenaient les biens de sa femme et les siens, s'élevant à la somme de 46.637 80		240.107 50
Ses bénéfices comme fermier 131.469 70	176.107 50	
On soustrait, et il ressort un accroissement de fortune, depuis l'acquisition du Saix, de		117.394 71
Ces économies comprennent les bénéfices réalisés sur l'ensemble de l'exploitation, y compris la tuilerie.		
Pour dégager cette industrie de la partie purement agricole, nous avons recherché les bénéfices de cette spécialité, et nous avons trouvé qu'ils se composaient comme suit :		
1858.....	4.315 10	
1859.....	2.903 40	
1860.....	4.083 »	
1861.....	5.033 10	
1862.....	4.831 80	
1863.....	5.162 95	
1864.....	3.174 72	
1865.....	7.981 20	
Total...	37.485 27	37.485 27
On soustrait, et il reste pour économies faites exclusivement sur la culture		79.909 44
A cette première somme il faut ajouter, pour avoir le revenu réel du Saix, les intérêts des emprunts qui ont eu pour but l'acquisition du domaine, emprunts qui n'ont pu être réduits que successivement avec les bénéfices annuels; ces intérêts se sont élevés,		
A reporter.........		79.909 44

Report		79.909 44
en 1858 à.....	6.500 »	
1859 à.....	6.275 »	
1860 à.....	6.079 50	
1861 à.....	5.425 »	
1862 à.....	5.310 »	
1863 à.....	3.770 »	
1864 à.....	3.600 »	
1865 à.....	3.600 »	
Total des intérês payés pendant les huit ans	40.559 50	40.559 50
Total fr..........		120.468 94

Ces 120,468 fr. 94c représentent exactement ce qu'un fermier aurait retiré du domaine, sans la tuilerie, pendant huit ans de bail, soit 15,057 francs par an ; c'est avec cette somme qu'il aurait payé son fermage, les intérêts de son capital d'exploitation, et aurait fait des économies

Ces résultats, nul ne le contestera, sont déjà très satisfaisants ; mais, pour le propriétaire exploitant, ils s'augmentent de la plus-value donnée au domaine.

Cette plus-value n'est pas ici une fiction mise en avant pour les besoins de la cause, elle est bien réelle, parce qu'elle repose sur des améliorations durables, établies avec le plus grand soin, qui ont eu pour but principal l'assainissement du sol, son défoncement, suivi de fumures abondantes, souvent répétées, et que sur ce domaine on a créé 60 hectares de prairies naturelles, donnant des produits abondants et suivis.

Nous croyons donc rester bien au-dessous de la vérité en portant à 400 francs par hectare la plus-value donnée aux 110 hectares de terres et prés, formant le domaine exclusivement agricole du Saix, nous donnant un total de 44,000 francs qui viennent, tout naturellement, s'ajouter aux produits nets du domaine, ci .... 44.000 »

En réunissant ces deux éléments, la plus-value et le rendement, on trouve que pendant les huit ans qui se sont écoulés, du 11 novembre 1857 au 11 novembre 1865, le domaine du Saix aurait procuré à son propriétaire une augmentation de fortune de 164,468 fr. 94 c., soit 20,550 francs par an. 164.468 94

Nous venons de poser des chiffres qui nous permettent de considérer successivement M. Chambaud, soit comme un fermier prenant un domaine au 11 novembre 1857, soit comme propriétaire.

Comme fermier, il aurait obtenu un rendement moyen de 15,057 francs.		15.057 »
Desquels il faut déduire :		
1° L'intérêt du capital d'exploitation qui, arrivé au dernier inventaire, était de 53,639 fr. 13 cent., calculé au 6 p. %, donne.	3.118 »	
2° Le fermage de 70 hectars de champs et prés, et de 125 hectares de bois. Le loyer des terres pourrait être porté au prix primitif de 40 fr. ; nous aimons mieux supposer, qu'au 11 novembre 1857, il valait 60 fr., soit pour 70 hectares. 4.200 » Le loyer des bois, dans les conditions de celui du Saix, ne pouvait s'évaluer à plus de 25 fr. l'hectare, soit 350 fr. l'hectare en taillis de 14 ans de coupe. 3.125 »	7.325 »	
Total du loyer des terres et de l'intérêt du capital d'exploitation.	10.443 »	10.443 »
Après ces déductions, il resterait pour bénéfice net, au fermier du Saix, une somme annuelle de 4,614 francs.		4.614 »

soit pour huit ans 36,912 francs, ce qui équivaut à une petite fortune agricole.

Si nous préférons le considérer comme propriétaire, nous trouvons

qu'en prenant le seul chiffre de	15.057 »
Et en déduisant les intérêts du capital d'exploitation.	3.118 »
Il reste une somme de 11,939 francs pour payer les intérêts de l'acquisition, des constructions et du drainage, s'élevant ensemble à 247,531 francs, soit plus du 4 75 p. %.	11.939 »
Mais, si nous ajoutons à ce premier chiffre, représentant exclusivement le revenu du domaine, la plus-value de 44,000 francs, soit 5,500 francs par an.	5.500 »
Nous arrivons à avoir à répartir sur les capitaux 17,439 fr., donnant le 7 p. % de tous les capitaux qu'ont absorbés l'acquisition et l'exploitation du domaine.	17.439 »

Ces chiffres parlent plus haut que toutes les considérations que nous pourrions ajouter pour en faire ressortir l'importance.

Dans le travail que nous venons de mettre sous vos yeux, nous avons vu M. Chambaud enfant, entrant avec son père en 1840 dans la ferme du Saix; six ans après il se marie, et bien jeune encore il prend la direction de ce domaine que son père ne se sent plus le courage de faire valoir.

Son entrée en ferme se présentait dans des conditions peu faites pour l'encourager : le pays était désolé par la fièvre; le capital qu'il avait pu réunir insuffisant pour améliorer la position de l'exploitant.

Le bail du Saix avait mis à la disposition de M. Chambaud deux éléments de richesses, la tuilerie et le domaine : quelle sera celle de ces deux industries qu'il mettra la première en jeu pour procurer le capital nécessaire à l'autre, pour procurer un capital que ni sa famille ni son crédit ne peuvent lui faire obtenir? Il n'hésite pas longtemps, il reconnaît bien vite que son petit capital, appliqué à l'industrie, peut seul l'augmenter rapidement; il donne plus d'extension, plus de débouchés à sa tuilerie; il réussit et il ne tarde pas à disposer de quelques sommes qu'il utilise pour augmenter son bétail, améliorer ses prairies et commencer des dessèchements jugés indispensables.

M. Chambaud n'avait pas reçu d'instruction classique, ses connaissances agricoles étaient très limitées, mais il était doué d'un grand esprit d'observation, d'un vrai désir d'apprendre; aussi le voyons-nous suivre avec intérêt les grands travaux d'assainissements, de drainages, qui déjà alors s'opéraient dans les Dombes; s'il va dans les concours, ce n'est point encore comme exposant, mais en simple spectateur, pour étudier les animaux et les instruments exposés.

C'est avec ces notions agricoles qu'il entreprend les améliorations qui ont transformé le domaine du Saix; c'est après avoir reconnu les qualités des races bressanes et femelines qu'il en a suivi le perfectionnement pendant 18 ans pour arriver à produire les beaux animaux qu'on trouve dans ses étables et qui lui ont valu 24,340 fr. de primes, accompagnés de 30 médailles d'or, 1 de vermeil, 27 d'argent, 19 de bronze. On le voit, M. Chambaud a su acquérir de bonne heure les connaissances agricoles qu'il n'avait point eu le bonheur de recevoir dans sa jeunesse; aussi le voyons-nous obtenir une médaille d'or de spécialité comme concurrent à la prime d'honneur régionale du département de l'Ain en 1859, puis figurer parmi les membres des concours cantonaux et départementaux depuis leur création; il est membre de la Société d'émulation de l'Ain dès le 5 février 1857, de la Société de viticulture, de la Société hippique, du Comice de Bourg; enfin il y a deux ans environ qu'il est maire de la commune de Peronnas.

Si, comme nous croyons l'avoir démontré, M. Chambaud a affirmé sa valeur agricole par ses succès; s'il a vu sa fortune grandir au point de changer son bail de petit fermier contre un titre de propriétaire, il faut en attribuer la meilleure part sans doute à sa vie honnête et laborieuse, à cet esprit pratique, droit et persévérant, qui sait vaincre les obstacles pour arriver au but qu'il s'est proposé; mais il ne faut point oublier qu'une autre personne, plus modeste quoique non moins méritante, a droit à une mention toute spéciale, nous voulons parler de Mme Chambaud; pendant cette longue carrière agricole, qui a commencé le jour de son mariage pour se continuer encore aujourd'hui, de quel secours n'a-t-elle pas été à son mari? Active, intelligente et dévouée, sa modestie égale son mérite. La fortune ne l'a point changée, on la retrouve aujourd'hui aussi travailleuse, aussi bonne, aussi compatissante et plus charitable que lorsqu'elle était la compagne de l'humble fermier du Saix.

En décernant la *Prime d'honneur régionale* à M. Eugène Chambaud, propriétaire-agriculteur au Saix, le Jury est heureux de récompenser le cultivateur de naissance, le fermier persévérant, l'éleveur intelligent, l'agriculteur fortuné qui ne doit qu'à son travail le titre de propriétaire qu'il porte aujourd'hui.

Que M. Chambaud vienne donc recevoir cette coupe d'honneur, qu'il la conserve avec soin, qu'il la montre avec orgueil à ses enfants, à ses amis, et surtout aux agriculteurs praticiens de toutes les conditions, comme un témoignage de la puissance du travail pour arriver à l'aisance et même à la fortune, comme un témoignage de l'intérêt tout spécial que l'Empereur porte aux classes agricoles depuis son avénement au Trône.

Le Rapporteur de la Commission,

P. TOCHON.

www.ingramcontent.com/pod-product-compliance
Ingram Content Group UK Ltd.
Pitfield, Milton Keynes, MK11 3LW, UK
UKHW021820190726
13853UKWH00003B/1089